矿井大气环境治理及地热资源的开发利用

张永亮　蔡嗣经　著

北　京
冶 金 工 业 出 版 社
2015

内 容 简 介

本书内容分为9章，主要以金属矿山深井大气环境和地热资源有效利用为研究对象，以深井恶劣工作环境的危害为研究切入点，通过理论分析、实验、计算机模拟等研究方式，介绍了金属矿山深井开采即将面临的大气环境问题以及治理方法，包括采用通风除湿降温方法和静电除尘方法治理，提出了合理利用矿山地热资源理念，并通过实验论证了以地热能促进生物质能的可行性。

本书可供矿山安全、环保、工程规划等领域的科技人员、管理人员阅读，也可供矿业工程、安全科学与工程、环境科学与工程等专业的师生参考。

图书在版编目(CIP)数据

矿井大气环境治理及地热资源的开发利用/张永亮，蔡嗣经著.—北京：冶金工业出版社，2015.4

ISBN 978-7-5024-6890-3

Ⅰ.①矿… Ⅱ.①张… ②蔡… Ⅲ.①矿山环境—环境管理—研究 Ⅳ.①X322

中国版本图书馆CIP数据核字(2015)第047239号

出 版 人　谭学余
地　　址　北京市东城区嵩祝院北巷39号　邮编　100009　电话　(010)64027926
网　　址　www.cnmip.com.cn　电子信箱　yjcbs@cnmip.com.cn
责任编辑　张　卫　美术编辑　彭子赫　版式设计　孙跃红
责任校对　卿文春　责任印制　牛晓波
ISBN 978-7-5024-6890-3
冶金工业出版社出版发行；各地新华书店经销；三河市双峰印刷装订有限公司印刷
2015年4月第1版，2015年4月第1次印刷
169mm×239mm；11.75印张；229千字；176页
45.00元

冶金工业出版社　投稿电话　(010)64027932　投稿信箱　tougao@cnmip.com.cn
冶金工业出版社营销中心　电话　(010)64044283　传真　(010)64027893
冶金书店　地址　北京市东四西大街46号(100010)　电话　(010)65289081(兼传真)
冶金工业出版社天猫旗舰店　yjgycbs.tmall.com

（本书如有印装质量问题，本社营销中心负责退换）

前　言

随着我国矿产资源的不断开发，浅表矿床储量不断消耗，今后大多数矿山必然转入深部开采，随之而来深井原始岩温不断增高，矿山地下水涌出量也呈上升趋势，矿山井下湿热危害日趋严重。同时，采矿机械化的快速发展，引起了大量难以治理的油烟危害，加之采矿过程中产生的粉尘及有毒有害气体，对矿井工作场所大气环境治理提出了挑战。

矿山深井开采过程中，矿井地下热岩体、渗透出的地热水导致了高温、高湿的井下作业环境，当风温高于30℃时，井下工作人员易产生高温中暑、热晕并诱发其他疾病，对职工造成严重的身体伤害，安全生产受到威胁，湿度过高易导致湿疹等职业病。由于井下空气湿度过大，水泵、卷扬、排水管线等设施严重锈蚀，井下湿热问题亟待解决。同时，地下水的流失也导致地质结构发生显著变化，地基承载力减弱，出现地面裂缝、沉降等现象，矿山开采暴露出的地热一方面破坏了矿山生产环境，另一方面又造成大量地热资源和水资源的白白流失，这是矿山工作者一直迫切想要解决的问题。

根据文献记载，国外矿井热害现象研究，最早开始于1740年的法国，人们已经开始对金属矿山的地温进行监测，得出一些有价值资料。我国深井地温的研究始于1949年新中国成立后，20世纪50年代初，煤科院抚顺分院最先开始地温观测，1974年中科院地质所对平顶山矿区的地热问题进行过研究。地热是矿山热害的主要热源，从另一个角度来说，其实热害也是一种能源，是地热能的一部分。矿山热害属于矿山二次资源的范畴，科学合理地实现矿山二次资源利用，即资源的再生和第二次获取过程也是矿山灾害治理的过程。发展低碳经济、减少碳排放量是2010年丹麦哥本哈根气候大会上各国讨论的焦点，地热资源开发能基本实现碳的零排放，是我国未来重点支持发展的新能源之一。中国作为一个发展中的大国，其社会经济持续快速的发展离不开充足的能源保证，在此背景下，建设节约型社会，加大节能减排的力度，增加可再生能源占社会能源供给的比例，是科技人员应该加大力度深入探讨和努力解决的重点问题。

在矿山，由于地下热水的出现，一方面加重了矿井热害的程度，使治理热水成为这类矿山开采中必不可少的措施和步骤；另一方面，热水又是地热能的典型表现形式。利用水的渗流特性开发地下热能，是美国知名地热学家White博士在20世纪60年代末提出的中低温对流型地热系统的经典模式（White，1968）。此后中国、日本、欧洲国家都进行了高温岩体的技术开发。美国1978～1986年在Fenton Hill进行了钻井取热实验，英国在Cornwall Rosemanowes Quarry进行了地热利用实验，均取得了一定的效果。地热能直接利用的技术性、可靠性、经济性、环境的可接受性已被世界各地的实际利用所证实。

本书作者在大量科研实践中发现，矿山工作者既受井下湿热难题的困扰，又对井下大量流失的热能和淡水资源十分惋惜，鉴于此，课题组调研走访了国内许多矿山，搜集了矿山技术人员及管理人员对井下大气环境治理的意见及矿山地热利用的可行性分析意见，在此基础上进行了初步的理论分析和实验研究，形成本书的主要内容。

本书的主要特色如下：(1) 利用矿井系统本身与地热开发主体工程相似的特点，寓地热开发于矿山开采之中，节省大量开发地热水工程投资，研究深井岩体裂隙水渗流机理，将矿山开采时暴露出的大量热岩、热水加以合理转化利用，同时减少热岩、热水给井下工作带来的高温高湿困扰。(2) 矿山开采过程，往往是遇到热害后再进行治理，此时治理措施常受到已有条件的限制，浪费财力而且效果不甚理想；课题研究建立复杂地质条件下深部开采地温预测模型理论，为深井未开采矿床湿热治理规划提供依据，同时可作为深井地热储量的参考。(3) 提出热害资源化理念，首先将地热资源进行合理利用，地热水热量利用结束后变成低温尾水，分析典型矿山地质条件，将尾水回灌到地下热储体，做到防止地下水流失造成的地表沉降、地热资源和水资源良性循环，实现矿山灾害治理和二次资源循环利用同步进行。(4) 静电除尘技术中粉尘之间黏结力和粉尘与收尘极板之间的黏结力如何调节是一个瓶颈问题，本书将矿尘视为带电粒子进行其极化分析和黏结力分析，应用MATLAB软件模拟矿尘在静电收尘过程中的受力情况，为有效收尘提供直观依据。

本书在撰写过程中得到了中南大学吴超教授，青岛理工大学王旭春教授、王在泉教授的关心指导，河北联合大学董宪伟副教授和滦南县水务局张永平工程师为本书的素材调研及研究做出了重要贡献，清华大学陈一洲博士，中国矿业大学吴迪博士，青岛理工大学陈喜山教授、撒占友教授、岳丽宏教授、刘杰博士、谭清磊博士、孟娟博士、王春源博士、王玉华博士、研究生吴慧、袁凤丽、李自福等也在课题研究中做了许多工作。在此，谨向他们表示衷心的感谢。

本书的出版得到了国家自然科学基金项目“金属矿山深井湿热治理及二次资源循环利用一体化研究”（编号：51204100）、中国博士后科学基金特别资助项目“金属矿山地温效应治理井下高温及冻井的节能机理研究”（编号：2014T70658）、山东省科技发展计划项目“山东省金属矿山矿井地热水循环利用关键技术研究”（编号：2014GSF116020）、青岛市科技计划资助项目“胶东半岛金属矿山深部开采地热资源转换利用关键技术研究”（编号：14-2-4-95-jch）等的资助，在此表示衷心的感谢。

最后，还要感谢本书所引用的参考资料的所有作者，感谢编辑出版人员对本书的出版所付出的努力。

由于作者水平所限，书中难免有疏漏和不妥之处，恳请读者批评指正。

张永亮

2014年11月

目　录

1 矿山井下环境治理技术研究进展

随着对矿产资源的不断开发利用及大强度的开采，浅层资源慢慢减少甚至枯竭，我国大部分金属矿山已经开始了深层开采。由于开采深度的增加及热源的放热作用，高温矿井热害现象日益严重，严重威胁井下的安全生产，同时还危害工人的身心健康，并制约矿山劳动生产效率和经济效益的提高。在继顶板、瓦斯、水、火及粉尘五大矿井灾害之后，热害已经成为第六大矿井灾害，因此严重影响高深矿井安全生产的问题亟待解决。

1.1 国内外矿井降温技术

1.1.1 国外矿井降温技术发展状况

国外对高温矿井现象的研究，最早是1740年法国对贝尔福（Belfort）周围的矿山做的地温测量工作。矿井降温理论的研究始于20世纪20年代。分析现有资料，国外在矿井降温理论上的发展大体分为三个时期：雏形期、发展期和完整的学科理论体系期[1~8]（表1－1）。

表1－1 国外矿井降温理论的发展进程

雏形期	20世纪20～50年代。这一时期由于世界各国矿山的开采规模都较小，矿山热害问题并不是很突出，矿井降温理论的研究发展比较缓慢。研究成果分散于各种文献中，且只有个别的有效成果。其中，具有代表性的有：1923年德国Heist Drekopt在假设巷道表面温度的变化是周期性的条件下，得出了内部岩石的温度变化也是周期性的，提出了围岩调热圈的概念等；1939～1941年，南非Biccand Jappe前后发表了四篇有关“深井风温预测”的文章，提出了计算风温预测的基本思想；1951年英国Van Heerden、日本平松等根据平巷围岩和风流之间的对流换热，得出了围岩调热圈温度场的理论解（在理想情况下）；1953年苏联学者提出了比较精确的不稳定换热系数及调热圈温度场的算法；1955年平松又提出了计算围岩和风流之间不稳定换热时的风温的近似式，以上研究成果为现代矿井降温技术的研究奠定了基础
发展期	20世纪50～70年代。电子计算机的应用使矿井降温理论有了比较大的发展。像1961年苏联Воропаев、1966年联邦德国Nottort等发表的学术论文是用数值计算的方法来论述围岩中调热圈的温度场。这一时期，测试矿井围岩热物理参数的技术得到了初步的应用，如1964年联邦德国Mucke用圆板状试块做试验，测定了岩石的稳定导热系数。1967年Shernat实地强行加热一段巷道，测定围岩温度，对比实测值和理论值，得出了一些热物理参数。同一年南非Starfield等初步探讨了巷道在潮湿条件下的热交换规律，矿井降温理论已朝着实用性的方向迈进

续表 1 - 1

学科理论体系期	20 世纪 70 年代中、后期至今。学科理论飞速发展，有些系统的专著相继问世，例如舍尔巴尼的《矿井降温指南》、平松的《通风学》、福斯的《矿井气候》等都较为系统地阐述了矿井降温理论，并且研究的问题已深入到采掘工作面，如 1971 年后联邦德国的 J. Voss 等先后提出了一套计算采掘工作风温的方法；1975 年美国的 J. Mcguaid 全面详细地提出了各种矿井热害的治理对策；1977 年保加利亚的 Shcherban 等比较详细地描述了采掘工作面风流温度的计算方法。80 年代以后，学科的研究层次更是达到了一个新水平，论文发表数量猛增，研究成果更加切合实际，譬如日本内野采取差分方法，在巷道形状不同、岩性条件不一的情况下求出了调热圈的温度场，且描述了风温在变化的入风温度、水影响情况下的算法；南非的 Starfield 等提出了更精确合理的不稳定换热系数的算法；日本的天野等研制出了比较完善的矿井降温设计程序的模型；南非的 Richard Gundersen 制作了迄今为止较为理想的矿山通风降温模拟软件（VUMA）等

1.1.2　国内矿井降温技术发展状况

我国深井热害的研究起步较晚，直到 20 世纪 50 年代初才有个别局（矿）开始对矿区进行测温，由于当时的矿山热害尚不突出，因此地温观测并没有引起足够重视。直到 60 年代末，我国在矿山地热研究方面基本上还是一项空白。

70 年代以后，一些矿区相继出现了不同程度的地热问题，并引起了相关部门的重视，部分局（矿）、地质公司、高校和研究所开展了地热和降温技术的研究。70 年代初，开滦矿务局曾邀请地质所地热组帮助观测地温，这是我国正式研究矿山地热的开始。

80 年代以后，我国深井热害研究取得了实质性的进展，主要体现在很多学者发表了有关热害的著作。其中有代表性的如黄翰文的《矿井风温预测的探讨》、杨德源的《矿井风流热交换》、岑衍强等的《矿内热环境工程》、余恒昌的《矿山地热与热害治理》、严荣林等的《矿井空调技术》、王隆平的《矿井降温与制冷》等。至此，我国也形成了较为完整的深井降温学科理论体系。

进入 21 世纪后，又有一些新的书籍出版，如杨德源主编的《矿井热环境及其控制》、胡汉华主编的《深热矿井环境控制》、王朝阳主编的《低热损冷源介质输送技术及高效热交换技术》、辛嵩主编的《矿井热害防治》等。

以上研究成果丰富和发展了矿井降温系统的体系理论，可以总结成如下几点：

(1) 创立了矿井热交换的体系理论。整个矿井生产系统构成一个开口的热力系统，它的热交换特征可以用矿井热交换理论来描述，譬如风流流过井巷进行的传热传质交换规律；风流和围岩之间进行不稳定换热特征；矿物、硫化合物和有机物进行氧化时的放热特征；矿井地下涌出水吸热、放热及散热、散湿的特征；井巷中运送的矿物质及矸石的放热等。经过了众多的实地测量分析及理论试验以后，大体上掌握了以上特征规律，创立了矿井热交换的体系理论。

（2）建成了矿山地热学体系理论。矿区地热场分布特点，岩石的热物理参数及围岩的传热导热规则是矿山地热学研究的主要内容。大体上掌握了围岩的传热导热规则和岩石的热物理参数；矿内岩石调热圈温度场的变化规律；最上层地壳温度场的特性以及影响它的因素；地热学和矿井水文地质学之间的关联等。

（3）为矿井制冷降温系统奠定了热力学基础。制冷、输冷、传冷以及排热是矿井制冷降温系统的四大组成部分，形成了一个热力系统。各个系统构成元素的水力学特征、热力学特征以及这些元素的优化组合技术等都已比较明确，可以更加积极地探索矿井降温技术。

1.2 矿山井下大气环境综述

1.2.1 井下湿热产生的原因

造成金属矿山井下高温高湿环境的原因很多，综合分析其主要原因，有六个方面，见表1－2。

表1－2 高温高湿影响因素

序号	湿热因素	分 析
1	高温岩层散热	地球内部的热量通过井巷岩壁以一定的强度向矿井空气散热
2	热水散热	地下热水易于流动，且热容量大，是良好的载体，热水涌入矿井巷道中，直接加热风流
3	矿井机电设备散热	机电设备在井下运转时，产生的电流热、机械摩擦热及内燃设备的燃烧散热，使矿井气温升高
4	空气压缩热	空气沿进风井下降和压入式通风使空气压缩转化的热量散发在矿井内，使井下气温升高
5	化学反应放热	矿井内各种氧化反应或其他化学反应放热，使矿井温度升高
6	其他热源放热	人体散热等

对于上述六种散热因素，其中高温岩层散热和热水散热所占比例较大，对我国胶东地区金属矿山的调查表明，井下热源比例构成分别为热水散热占58.7%，高温岩层散热占22.6%，其他热源散热占18.7%。

1.2.2 高温、高湿危害

高温、高湿危害是矿山生产向深部发展必须面对的问题，湿热矿井给矿山安全带来的危害主要有以下三点。

1.2.2.1 对人体的危害

井下作业本身属于高强度作业，作业人员在湿热环境中从事较长时间的高强度作业，由于外界温度、湿度不适宜人体汗液的蒸发散热，体温调节功能将发生障碍，从而导致中暑、热虚脱等疾病。

1.2.2.2 诱发事故，降低劳动效率

高温、高湿环境中，人体内环境平衡遭到破坏，人的中枢神经系统容易失调，从而造成劳动人员感觉疲劳、精神恍惚，大大降低了劳动效率，而这种状态即为事故产生的直接原因之一：人的不安全因素。同时，高温、高湿对井下设施设备具有腐蚀作用，成为事故产生的另一直接原因：物的不安全因素。据前苏联顿涅茨克劳动卫生和职业病研究所的测试资料：在风速 2m/s、相对湿度 90% 的条件下，气温为 25℃时，劳动生产率为 90%；气温为 30℃时，劳动生产率为 72%；气温为 32℃时，劳动生产率为 62%。相关资料还表明，如果矿井内的空气温度每超过标准（26℃）1℃，作业人员的劳动效率就降低 6% ~8%。国内矿山就有这样的例子：新汶矿业集团孙村矿，在 -800m 的开采掘进中曾因为工作面温度过高而被迫停产 3 个月；徐矿集团三河尖矿在开采掘进中因工作面温度过高导致采掘劳动生产效率降低 20% ~23%，甚至降低 40% ~50%。

1.2.2.3 造成恶劣的矿井气候

高温岩层和热水的散热造成了井下恶劣的气候环境，而且湿热加剧矿石氧化，消耗了井下氧气的含量，增加了有害气体，高温、高湿造成了这种影响井下气候的恶性循环。《煤矿安全规程》规定：在矿井生产中，采掘工作面的气温不能高过 26℃；开采掘进面上气温高过 30℃时，必须停止工作。作业人员在高温、高湿的环境中，神经中枢系统遭受压抑，注意力不集中，动作的标准性和协调性下降。而且作业人员极易昏昏沉沉，犯困、暴躁，加之井下作业是高强度的体力劳动，故作业人员的警觉性会下降，致使发生事故的概率上升。

日本有关统计资料显示，工作面温度为 30 ~40℃时的事故率，是工作面温度低于 30℃时的事故率的 4.6 倍；南非有关资料表明，当井下作业点处的干球气温升到 30℃时就会出现因中暑而死亡的事故。相关资料统计的南非金矿的矿井内空气温度和事故发生概率之间的关系如表 1 -3 所示。

表 1 -3 矿井内气温和事故率之间的关系

作业点气温/℃	27	29	31	32
千人工伤频次/次	0	150	300	450

矿井热害问题日益严重，如果不能适时地解决将会给矿井生产造成很多困难，也难以适应今后矿山生产所面临的严峻形势。所以，对矿山巷道湿热交换动态数值模拟的研究就具有极为重要的现实意义。

1.2.3 井下粉尘来源及危害

井下污风主要是指采切工程施工产生的粉尘。这种风源污染一般由于没有形成专用回风巷道，炮烟和粉尘在高压风和自然扩散的作用下，污风流回到上下中段的主要运输巷，在运输巷内随新鲜风一起流动，形成污染源。

在炸药爆炸生成的炮烟中，有毒气体的主要成分为一氧化碳和氮氧化物。如果炸药中含有硫或硫化物时，爆炸过程中，还会生成硫化氢和亚硫酐等有毒气体。这些气体的危害性极大，人体吸入一定量的有毒气体后，轻则引起头痛、心悸、呕吐、四肢无力、昏厥，重则使人发生痉挛、呼吸停顿，甚至死亡。

炮烟中有毒气体的毒性用空气中的危险浓度来表示（表1－4）。

表1－4 有毒气体空气中的危险浓度

有毒气体	各种气体危险浓度/mg·L^{-1}			
	吸入数小时将引起轻微中毒	吸入1h后将引起严重中毒	吸入0.5～1h就会有致命危险	吸入数分钟会死亡
一氧化碳	0.1～0.2	1.5～1.6	1.6～2.3	5
氧化氮	0.07～0.2	0.2～0.4	0.4～1.0	1.5
硫化氢	0.01～0.2	0.25～0.4	0.5～1.0	1.2
亚硫酐	0.025	0.06～0.26	1.0～1.05	

由表1－4可看出，浓度越高，气体毒性越大。另外，有毒气体不仅对人体有害，而且某些有毒气体具有催爆作用（如氧化氮）或引起二次火焰（如一氧化碳），易造成灾难性事故。因此对井巷掘进爆破过程中的有毒气体，必须采取有效的防治措施，以防止安全事故的发生。

炮烟中的有毒气体含量与炸药的化学组分、氧平衡、药卷物理特性（密度、直径和外皮形式）、工作地点的条件（温度、湿度、岩石种类）以及放炮技术（装药长度、炮泥堵塞）有关。但炸药一旦制成，其生成的有毒气体量就是一个定值，主要取决于炸药自身组分的氧平衡、爆炸反应的完全性。

综上所述，采矿过程中产生的粉尘和有毒有害气体对人体、设备、工作环境及工作效率都会产生巨大的破坏作用，所以合理有效地消除矿中粉尘和有毒有害气体已经成为矿山必须完成的工作。

1.2.4 治理措施及意义

深井湿热问题是必须面对和解决的，矿井通风是目前矿井降温的基础。完备的通风设计涉及空气流体力学、地热学、制冷技术等知识领域。我国学者已在深井湿热治理方面做了大量的研究工作，并应用于实践工程当中，针对矿山不同情况，有效的治理措施也各不相同。综合起来，目前常见的治理措施有四种（表1－5）。

表 1-5 深井湿热治理措施

序 号	治理措施	分 析
1	普通降温	控制热源散热、改进通风方法、利用天然冷水降温、冰块降温
2	人工制冷	地面制冷并冷却矿井总风流、地面制冷井下分散冷却空气、井下制冷地面排热、联合制冷空气冷却系统
3	隔热技术	冷、热管道的隔热、风筒隔热
4	通风安全信息系统	矿山通风安全信息管理提供了集成的数据环境和可视化的分析平台

关于地表热舒适性的研究，国内外学者已经取得较多研究成果，但矿山深部开采所面临的湿热环境尚处于初步研究阶段，结合不同矿山深部高温开采的具体情况，应加强对深井湿热治理的研究，将井下环境控制在人体热舒适性范围以内。

1.3 深井热岩体水渗流及其湿热影响

1.3.1 矿山岩石渗流研究现状

处于高温环境中岩体，如果岩石组成成分不同，岩体内部将会有裂隙产生并进一步扩展，从而导致岩体的渗透率等物理性质也随之改变，这就是岩体热开裂现象。

蕴藏在岩体内的地下热水，只有在岩体裂隙发达的情况下，才能更好地被提取和加以利用，所以岩体热开裂也成为地热开发研究人员的重点研究内容[9,10]，岩体热开裂有自然开裂和人工开裂两种，从单纯的地热开发角度来说，岩体热开裂无疑是一种有利因素，可以提高地热产能，但对于深井开采情况下的热岩体，围岩岩体热开裂将会减弱岩体稳固性，造成冒顶片帮的危险，是一个不利因素。本书在岩体热开裂研究进展的基础上，研究有关岩体热开裂模型在矿山地下热能工程方面的应用前景。

受各种条件的限制，国内外将岩体热开裂应用于地热能开发中的研究尚未大量应用于实践，还处于实验阶段。深井开采中，既要利用岩体热开裂对地热水收集的积极作用，又要保证围岩的稳固性，应解决以下两个难点问题：

(1) 不同性质的岩石，施加的人工外力应能控制岩体内部裂隙网络扩展模式和渗透率。

(2) 人工压裂岩体的同时，要保证岩体结构的稳定性和安全性。

以提高岩体内裂隙水收集为目的，针对岩体裂隙渗透率已有相当的试验研究。如 Legrand[11] 建立毛细管模型，得出岩体渗流时每个模型之间的结构参数、Reynolds 数、摩擦因子的关系式。Kogure，Keiji 在不同水力梯度下对破碎岩体进行渗透试验，得出了临界水力梯度关于破碎岩体有效粒径的经验公式。Engelhardt[12] 通过不同岩体的水力－温度试验，得到不同岩体混合物的热导率、渗透率等参数。Pradip，Kumar 通过试验研究，验证了反映破碎岩体流动的 Forchheimer 方程和 Missbach 方程。Zoback，Wang M L 应用连续气体流动速度法对围岩破碎程度和渗透性进行了关系对比。McCorquodale 等对裂隙岩石和卵石进行了 1000 多次渗透试验，得出关于水力传导系数的各组无因次方程。Huitt，Snow，Louis 等很详细地研究了水通过岩石裂隙的流动行为和模式。Gale 通过对不同岩体裂隙的实验研究，推导出应力负指数和导水系数关系模型。陈祖安通过实验拟合了岩体渗透系数与压力关系方程式，徐天有[13]等推导出了多孔介质的渗透规律。邓广哲、刘建军[14]等分析了深井岩体裂缝扩展模式，在考虑岩体稳定性的前提下提出岩体裂缝开裂补偿设计原理。

1.3.2 裂隙渗流对巷道空间的湿热影响

围岩渗流对巷道空间的影响，很多学者采用数值模拟的方法进行了多场耦合分析，分析结果表明，热渗流参数的改变，对巷道湿热环境的影响很大，深井渗流场、温度场和湿度场三场耦合模型的研究也是现代矿山安全研究的热点问题。渗流场、温度场和湿度场三场之间相互作用的机理初步研究表明：任一因素的改变，都会对空间环境产生不同程度的影响，尤其是渗流场的改变，更是对空间湿热起着至关重要的作用，渗流量的大小、水温、位置分布等因素都会对空间环境造成改变，热水渗流过程中，以对流和辐射的方式和巷道空气进行湿热交换，最终达到热平衡。对于热水型矿井，渗流过程实际就是热量迁移的过程，由于渗流的存在，热水作为热量的载体将热能暴露出来，同时围岩由显热放热转变为潜热放热，在不同耦合条件下，采用有限元软件对巷道湿热环境进行数值模拟，结果表明，温度场对岩体的应力场也具有较大的影响，可见巷道空间环境对围岩的应力也具有一定程度的作用，对深井岩体裂隙渗流的研究不仅关系到岩体稳固性，也可以对进行深井降温除湿提供治理思路。

1.4 矿山热能利用综述

1.4.1 矿山二次资源开发的意义

能源是经济发展的支柱，传统能源（煤炭和石油）储量正急剧减少，同时也给全球环境造成威胁。在这种背景下，寻找可再生、清洁能源就成为亟待解决的问题。地球、太阳、海洋都蕴含着取之不竭的绿色能源，地球内部蕴藏着的大量热资源就是所谓的地热能，地热能的利用价值已经得到验证，如能充分开采和利用将有效缓解当前能源紧缺、环境污染严重的现状。地热资源与其他可再生能源相比具有明显的优势：稳定可靠、分布广、技术比较成熟、有利于可持续发展。

矿山二次资源是指矿山尾矿、固体废料、废水（液）、废气、余热、余压、坏损土地以及待治理的生态环境要素的总称。对矿山而言，深井地热属于矿山二次资源的范畴。从表面上看，矿山二次资源更多的是造成矿山环境污染的不利因素，但从资源科学的角度来说，矿山二次资源如果能加以合理利用，完全可以提高节能减排的效果，既可保护环境又可降低企业成本。随着开采深度的迅速加深，开采中涌出的井下地热水成为矿山二次资源的主体，如何充分利用地热资源和地下水资源，就成为矿山企业需要解决的新问题。

1.4.2 国内外矿山地下热能利用概况

地热能在生产、生活的很多方面都可以发挥巨大作用，现在世界各地对地热的重视程度越来越高，地热田的开发已经成为全世界能源开发的热点，但是对于采矿过程中出现的地热，却很少加以重视，甚至片面地将矿山地热看成是阻碍生产的有害因素。但矿山地热究竟是热害还是热能，更多的是取决于对其如何加以治理和利用。大量典型地热矿山调查表明，开采过程中出现的地热是完全有条件加以充分利用的，矿山地热能的利用模式见图 1-1。地热水经过温度梯级利用，可基本实现零排放。

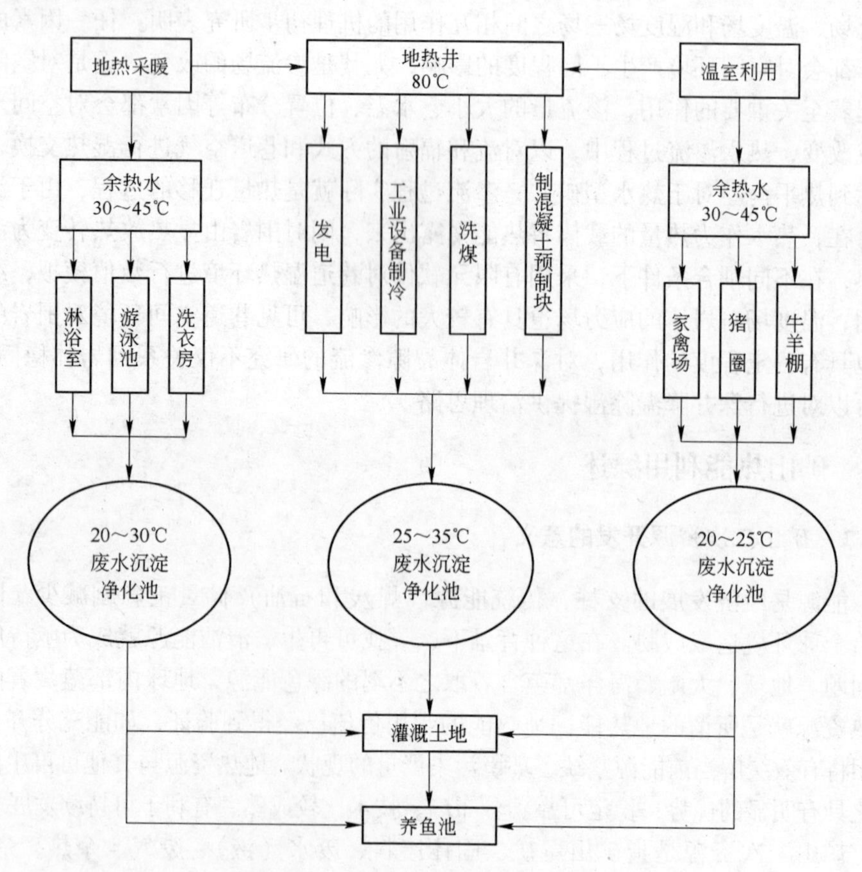

图 1-1 地热水多级综合利用示意图

地热资源具有经济、环保、高效的特点，使其成为世界各国能源开发利用的方向。近年来，国内外学者从实验和数值模拟的角度，对地热水开发和利用开展了许多研究，并初步建立了三维应力与岩石裂缝单相渗流的耦合关系，为地热水收集提供了理论依据。Cundall、任建喜等利用数值模拟方法研究地热的可利用性，在地下水热量运移、含水层储能等多个方面展示了地下热水广阔的应用前景。李宏伟等进行了地下水开发利用前景和可行性分析。王永生提出了利用矿山热水进行综合养殖的思路。詹麒等对我国地热资源开发利用现状与前景进行了分析，提出地热利用的多种可行性方案。国内外很多学者[15~18]都提出了利用水作为载体对金属矿山井下热能进行开发利用的思路，进行了 ASR 法金属矿区浅层回灌的试验研究。石惠娴等将地热资源与沼气等生物质能有机结合起来进行研究，并取得初步试验成果。农业部最近提出，2010 年，我国生物质能中的沼气年利用量达到 190 亿立方米，可作为我国将来大力推广的循环能源。温度作为沼气池产气量的关键因素，国内外相关领域做了大量研究和试验。目前，沼气池加温方式很多，其中常见的加温方式包括电热膜加温、太阳能加温、化石能源锅炉加温、燃池加温等，但这些方式大多是以消耗电能和燃烧为代价，节能性、社会性不理想，太阳能加温虽节能环保，但易受天气状况影响[19]。因此，为沼气池提供成本低廉、经济环保的稳定热源，成为沼气生物质能有效开发利用的关键问题。

1.5 矿山热能利用发展趋势

从目前情况来看，对矿山热能的研究大部分仍是集中在如何消除湿热，而对热能有效利用的研究微乎其微，在全世界都在积极寻找新型绿色能源的前提下，在矿山生产过程中自然出现的地热资源引起了科研人员的高度重视。对太阳能、风能、潮汐能与地热能四种新型能源进行比较，地热的品位最高，国内储量丰富，是适合我国开发利用的最为现实的热源。据 1999 年国际地热协会（IGA）报道，四种新能源的效率及产值比较见表 1－6。

表 1－6 四类新能源对比

新能源名称	装机容量		年产能值	
	数量/MW	占比/%	数量/GW · h	占比/%
地热能	8900	52.0	42053	79.6
风能	6050	44.7	9933	18.8
太阳能	175	1.3	229	0.4
潮汐能	264	2.0	602	1.2
总 计	13538	100	52817	100

矿山地热水虽在井下形成了恶劣的工作环境，但同时也提供了一种宝贵的自然资源。将井下地热的热害治理与开发利用有机结合，是建设绿色矿山的一项创新举措。今后矿山热害的研究趋势，不可避免地将是热害治理与热能利用紧密结合，治理和利用相辅相成，做到一举两得。

1.6 本章小结

本章从国内外金属矿山井下环境治理研究状况、井下湿热危害、井下热岩体裂隙渗流及其对巷道湿热的影响、矿井粉尘危害等方面做了概述，首先指出了井下高温高湿产生的原因、湿热产生的危害和常见的几种治理措施；其次分析了井下岩体开裂对热能利用所起的作用，指出科学合理的井下岩体压裂技术既可以实现矿山地热水的利用又可维护井下岩体的安全。在应用前人研究成果的基础上，最后根据胶东半岛典型矿山的工程现场状况，提出分级利用矿井涌出的地热水，充分利用绿色能源的同时，解决困扰矿山的湿热危害问题。

2　通风改善矿井环境方法优化

2.1　矿井通风网络图论

2.1.1　流体网络的基本概念

撇开流体网络的所有属性，只考虑流体管路的几何拓扑关系，把管路称为分支，三条及三条以上分支的相连点叫做节点。当流体在网络分支中流动时，把处在流动方向开始位置的节点称为始节点，处在末尾位置的节点称为末节点。某些时候为了方便，常把管路一些属性的相交点也叫做节点，例如巷道支护方式的改变点、横断面面积和形状的改变点、坡度倾斜的改变点。换言之，两条不同物理属性的分支相交点也可称一个节点。在一些特定的条件下，网络节点是一些有特别含义的分支点，每个分支均有两个端点，称为节点，分支之间依靠节点相连接而共同构成网络。图 2－1 为某个金属矿通风系统的通风原理图，去掉风门、风

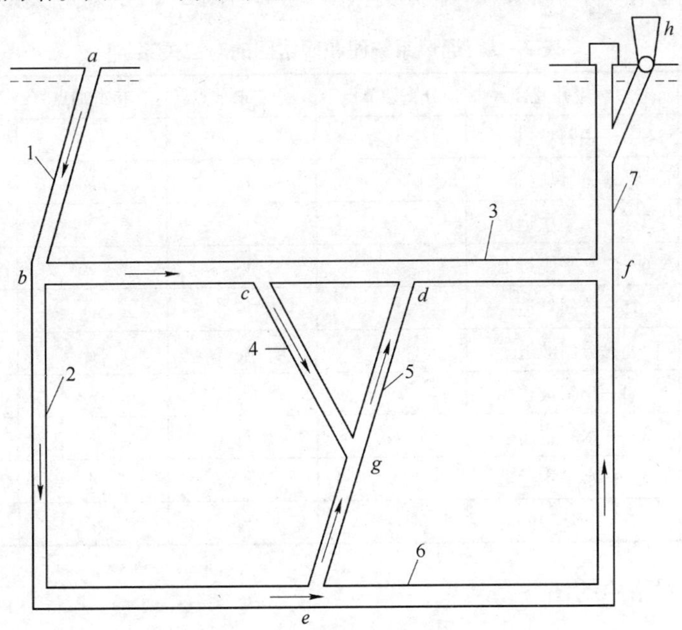

图 2－1　通风系统的通风原理图

a—入风口；*b*～*g*—节点；*h*—出风口；1～7—巷道分支

机等细节问题，仅对巷道的拓扑关系进行分析，则与它相对的通风网络图如图2-2所示。

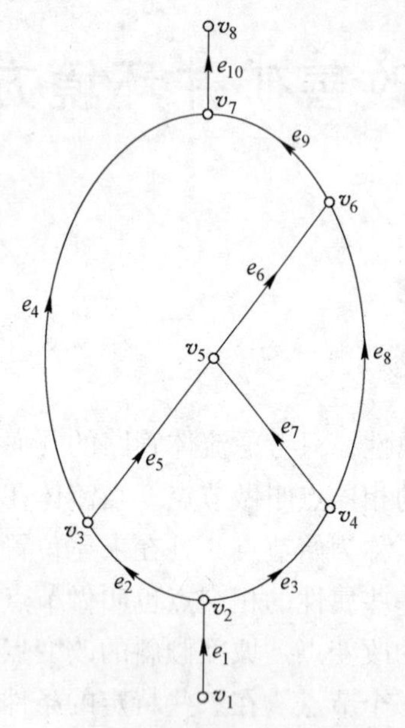

图2-2　通风网络图

图2-2中有8个节点，10条分支。图2-1与图2-2的对应关系见表2-1。

表2-1　通风系统图和网络图的对应关系

网络分支	对应井巷	分支始节点	分支末节点	巷道端点	巷道端点
e_1	1—主斜坡道	v_1	v_2	a	b
e_2	2—进风井	v_2	v_3	b	e
e_3	3—一水平主运道	v_2	v_4	b	c
e_4	6—二水平主运道	v_3	v_7	e	f
e_5	5—分斜坡道	v_3	v_5	e	g
e_6	5—分斜坡道	v_5	v_6	g	d
e_7	4—小斜坡道	v_4	v_5	c	g
e_8	3—一水平主运道	v_4	v_6	c	d
e_9	3—一水平主运道	v_6	v_7	d	f
e_{10}	7—回风井	v_7	v_8	f	h

2.1.2　流体网络中的图

通风网络图中，每一条分支均有两个相应的节点，如果明确了网络中流体的流向，节点就有了始节点和末节点之分。分支和节点的相连关系可以用来表示通风系统的网络拓扑关系。

通风系统风流结构的关系可以反映在通风网络图中，网络图是由点集合以及分支集合共同构成的。图 2－2 中，全部点的集合记作 V，全部分支的集合记作 E，从 E 到 V 的有序偶对构成的集合映射记作 Φ，那么通风系统的网络图 G 可以写成[20]：

$$G = (V, E, \Phi) \tag{2-1}$$

其中：

（1）$V = \{v_1, v_2 \cdots v_m\}$，通风网络图节点的有穷非空集合，每一个元素 v_i 都是通风网络图中的一个节点；

（2）$m = |v|$，通风网络图中节点的个数；

（3）$E = \{e_1, e_2, \cdots, e_n\}$，通风网络图中所有分支的集合，每个元素 e_i 都是通风系统网络图中的一条分支；

（4）$n = |E|$，通风网络图中分支的数目。

v_i 和 v_j 是与分支 e_k 对应的两个节点。流动方向是 $v_i \rightarrow v_j$ 时，分支 e_k 可写成 $e_k = (v_i, v_j)$，把图 G 称为有向图。而流体流向不能明确，或是流向影响不到所分析的问题时，网络分支 e_k 可写成 $e_k = <v_j, v_i>$，也可写成 $e_k = <v_i, v_j>$，把图 G 称为无向图。如果同一条分支对应的两个节点是 v_i 和 v_j，则分支可以写成 e_{ij}，有向图中 $e_{ij} = (v_i, v_j)$，无向图中 $e_k = <v_j, v_i>$，或写成 $e_k = <v_i, v_j>$。

在图 $G = (V, E)$ 中，若节点 v_i 是分支 e_k 的两个端点中的一个，那么分支 e_k 和节点 v_i 是关联的；对于节点 v_i 和 v_j，若 $<v_i, v_j> \in E$，则称节点 v_i 和 v_j 是相邻接的。

在图 $G = (V, E)$ 与图 $G' = (V', E')$ 中，如果 $V' \subseteq V$、$E' \subseteq E$，那么图 G' 是图 G 子图中的一个；如果 $V' \subset V$ 或者 $E' \subset E$，那么图 G' 称为图 G 的一个真子图。

与分支 $e_k = <v_i, v_j>$ 相照节点的集合写成 $V(e_k)$，也就是 $v(e_k) = \{v_i, v_j\}$。与分支集合 E 相照节点的集合写成 $V(E)$，与图 G 相照的节点的集合记作 $V(G)$，分支集合记作 $E(G)$。

就像上面描述的那样，流体网路中的每条分支都有两个节点与之相对应，不但无不对应着节点的分支，而且无不对应分支的孤立的节点。因此，流体网络图的计算实质上是网络分支的计算，其中暗含节点的计算。为简便起见，有时也把图 $G = (V, E)$ 叫做图 E[21]。

已知图 $G = (V, E)$ 是一个有向图，在图中零入度的节点叫做网络源点，源点集合记作 $V^-(G)$，源点的关联分支的集合记作 $E^-(G)$；零出度的节点叫做网络汇点，汇点集合记作 $V^+(G)$，汇点关联分支的集合记作 $E^+(G)$。

在矿井通风系统网络图中，假设把通风井巷中风流流向标成对应分支的方向，用井巷中涉及的通风参数（风量、风阻、阻力、断面面积、长度等）给对应的网络分支赋权，把自然风压也算入，此时，该图变成一个有向的强连通的赋权图[22]，写成 $N=(G, f)$。式中，f 为网络分支的权函数。

2.1.3 网络图中的路径

已经知道 $G=(V, E)$，$m=|V|$，$n=|E|$，$G'=|V', E'|$，$m'=|V'|$，$n'=|E'|$，$G'\subseteq G$，适当整理 E' 与 V'。

$$\begin{aligned} E' &= \{E'[1],E'[2],\cdots,E'[i],\cdots,E'[n']\} \\ &= \{<V'[1],V'[2]>,<V'[2],V'[3]>,\cdots, \\ &\quad <V'[i],V'[i+1]>,\cdots,<V'[n'],V'[n'+1]>\} \end{aligned} \tag{2-2}$$

若上式是成立的，则称子图 G' 为路径。时常还把分支集合 E' 叫做路径，假设路径是一个单独的图，那么路径中度数是1的节点 $V'[1]$ 与 $V'[n'+1]$ 就是路径的端点。把路径 E' 整形排列，重新排列后的节点与分支必定是一个有序的、不重复的、互相连接的链状序列。在图 2-2 中，$\{e_8, e_9\}$ 是从 v_4 到 v_7 之间的1条路径，而 $\{e_7, e_5, e_2, e_3, e_8, e_9\}$ 不是 v_4 和 v_7 之间的路径，因为可以明显地观察出节点 v_4 出现了两次。

在图 $G=(V, E)$ 中，假如节点 v_i 和 v_j 中间最少有1条路径，那么这一对节点 v_i 和 v_j 是连通的。在图 $G=(V, E)$ 中，若随便一对节点均是连通的，那么图 G 是连通图，若不然它是非连通图。

路径上入度为0和出度为0的两个节点重叠组成的闭合环就叫做回路。在式(2-2)中若 $V[1]=V'[n'+1]$，那么图 G' 称为回路，时常还把分支集合 E' 叫做回路。

若图 $G=(V, E)$ 是有向图，且下式成立：

$$\begin{aligned} E' &= \{E'[1],E'[2],\cdots,E'[i],\cdots,E'[n']\} \\ &= \{(V'[1],V'[2]),(V'[2],V'[3]),\cdots, \\ &\quad (V'[i],V'[i+1]),\cdots,(V'[n'],V'[n'+1])\} \end{aligned} \tag{2-3}$$

那么子图 G' 称为通路，通路中前后相连的两条分支，前者的末节点是后者的始节点，通路具有方向性，分支的方向相一致。通路的始节点是 $V'[1]$，末节点是 $V'[n'+1]$。

2.1.4 通风网络矩阵

2.1.4.1 节点的邻接矩阵

无向图 $G=(V, E)$，$V=\{v_1, v_2, \cdots, v_m\}$，$E=\{e_1, e_2, \cdots, e_n\}$，构造 $m=|V|$ 阶方阵 $A=(a_{ij})_{m\times n}$，其中：

$$a_{ij}=|\{e_k \mid e_k=<v_i,v_j>\in E\}| \tag{2-4}$$

则称矩阵 A 是图 G 的节点邻接矩阵。

2.1.4.2 关联矩阵及基本关联矩阵

已知图 $G=(V,\ E)$ 是有向图，$V=\{v_1,\ v_2,\ \cdots,\ v_m\}$，$E=\{e_1,\ e_2,\ \cdots,\ e_n\}$，$m=|V|$，$n=|E|$，组成一个分支与节点互相连接矩阵 $B=(b_{ij})_{m\times n}$，若：

$$b_{ij}=\begin{cases}1 & (e_j=(v_i,v_k)\in E)\\ -1 & (e_j=(v_k,v_i)\in E)\\ 0 & (<v_i,v_k>\notin E)\end{cases} \tag{2-5}$$

称 B 为有向图 G 的完全关联矩阵。把关联矩阵 B 中和节点 v_k 相应的一行剔除，得到的矩阵 Bv_k 是 $(m-1)\times n$ 的行向量线性无关的矩阵，Bv_k 就是对应着节点 v_k 的基本关联矩阵。

2.1.4.3 回路矩阵和基本回路矩阵

不管网络图是有向的还是无向的，都能用矩阵来描述其回路与分支之间的关系。

网络图 $G=(V,\ E)$ 是有向的，$V=\{v_1,\ v_2,\ \cdots,\ v_m\}$，$E=\{e_1,\ e_2,\ \cdots,\ e_n\}$，$m=|V|$，$n=|E|$，用矩阵表示的 s 个回路为 $C=(c_{ij})_{s\times n}$，其中：

$$c_{ij}=\begin{cases}1 & (e_j\in c_i,\text{且同向})\\ -1 & (e_j\in c_i,\text{且反向})\\ 0 & (e_j\notin c_i)\end{cases} \tag{2-6}$$

称 C 为有向图 G 的完全回路矩阵。满秩的回路矩阵被称为基本回路矩阵。

2.2 通风网络中风流流动的基本规律

通风风流通过各条井巷及各个采掘面，形成烦琐的通风系统网络。习惯上把通风巷道的相交点叫做节点，一对节点之间的风道叫做分支，两条及以上数量的分支构成的首尾相连的封闭网路称为回路（或网孔）。按照常理，通风网络是由许多分支和回路共同构成的。风路中流动的风流必须遵守风压平衡定律、风量平衡定律以及阻力定律。矿井进行通风时，新鲜空气首先从进风井处输入，经过循环污风从出风井处排出。若不考虑其他因素的作用，则输入的总空气量应该和排出的总空气量相同，但进、出风口两处的压能值不相同。在流体网络中，源点和汇点的流量保持平衡，流入源点的总流量和流出汇点的总流量是相等的，但是源点和汇点的压能值不同。通常用加入虚拟节点与虚拟分支的方法来把有源汇的流体网络变成无源汇的网络，同时求解模型就具有了通用性。

在风网 $G=(V,\ E)$ 中，构造一个虚拟节点 $\hat{v}$，设定为基点，则网络源汇点与基点相连的虚拟分支是：

$$\begin{aligned}\hat{E}&=\{E^-(\hat{v}),E^+(\hat{v})\}\\ &=\{\{(v_x,\hat{v})\mid v_x\in V^+(G)\},\{(\hat{v},v_x)\mid v_x\in V^-(G)\}\}\end{aligned} \tag{2-7}$$

这时网络变成：$V \leftarrow V+\hat{v}$，$E \leftarrow E+\hat{E}$。q_i、r_i、h_i 是分别与分支 $E[t]$ 相应的风量、风阻及阻力，且：

$$\begin{cases} Q=\{q_1,q_2,\cdots,q_n\} \\ R=\{r_1,r_2,\cdots,r_n\} \\ H=\{h_1,h_2,\cdots,h_n\} \end{cases} \tag{2-8}$$

式中 Q——与网络分支（含虚拟节点、虚拟分支）相应的风量集合；

R——与网络分支（含虚拟节点、虚拟分支）相应的风阻集合；

H——与网络分支（含虚拟节点、虚拟分支）相应的阻力集合。

相关的虚拟分支的主要参数的规定有以下几点[23,24]：

（1）虚拟分支的风量和与它连接的网路进口或者出口的风量一样；

（2）同一分支上基点 $\hat{v}$ 与另外一个节点的压能差值就是虚拟分支的阻力，可以随便摆放基点的位置及设定压能值的大小；

（3）根据分支阻力定律来计算虚拟分支的风阻，然而当虚拟分支的阻力为零并且风阻是分母时，风阻是无穷大的。

2.2.1 质量守恒定律

2.2.1.1 狭义质量守恒定律

狭义上的质量守恒定律，也称节点质量守恒定律，即在一定时间内，流进和流出随便一个节点的风量代数运算和是零。假设把节点流出记为正、流进记为负，那么节点质量守恒定律被记作：

$$\sum \rho_{ij} q_{ij} - \sum \rho_{ki} q_{ki} = 0 \tag{2-9}$$

$$(v_i, v_j) \in E^+(v_i), (v_k, v_i) \in E^-(v_i), v_i \in V, v_j \in V, v_k \in V$$

式中 ρ_{ij}——分支 (v_i, v_j) 的风流密度；

ρ_{ki}——分支 (v_k, v_i) 的风流密度；

q_{ij}——分支 (v_i, v_j) 的风量；

q_{ki}——分支 (v_k, v_i) 的风量；

(v_i, v_j)——节点 v_i 的出边 $E^+(v_i)$；

(v_k, v_i)——节点 v_i 的入边 $E^-(v_i)$。

若密度的变化可以忽略不计，则上式可以写成：

$$\sum q_{ij} - \sum q_{ki} = 0 \tag{2-10}$$

$$(v_i, v_j) \in E^+(v_i), (v_k, v_i) \in E^-(v_i), v_i \in V, v_j \in V, v_k \in V$$

这就是风量平衡定律。该定律表明：相对于每个网络节点来说，风流的流进量和流出量是相等的。

已知网络图 G 中的节点一共有 m 个，则能列出 m 个节点的风量平衡方程，

这 m 个节点的风量平衡方程的矩阵式为：

$$BQ^{\mathrm{T}} = \left(\sum_{j=1}^{n} b_{\mathrm{ij}} q_{\mathrm{i}}\right)_{m\times n} = 0 \tag{2-11}$$

式中 B——图 G 的完全关联矩阵，$B=(b_{\mathrm{ij}})_{m\times n}$；

Q——分支风量矩阵，和关联矩阵的排列次序是一样的，$Q=(q_1, q_2, \cdots, q_n)$ Q^{T} 是 Q 的转置矩阵。

2.2.1.2 广义的质量守恒定律

任何一个有向割集相应分支的风量在单位时间内的运算代数和为零。割集的风量平衡方程的矩阵式如下：

$$SQ^{\mathrm{T}} = \left(\sum_{j=1}^{n} s_{\mathrm{ij}} q_{\mathrm{j}}\right)_{s\times n} = 0 \tag{2-12}$$

式中 $S=(s_{\mathrm{ij}})_{s\times n}$——有向割集矩阵及其元素值；

s——割集数。

2.2.2 能量守恒定律

2.2.2.1 风压平衡定律

任意的闭合回路中，当没有自然风压及风机工作时，由伯努利方程可知，各条分支风压（或阻力）的运算代数和为零（顺着回路，令分支顺时针流向时风压为正，那么逆时针流向时风压为负）；当闭合回路中有自然风压和通风机工作时，各个分支风压的代数和和它回路中自然风压与通风机风压的代数和相等。这就是风压平衡定律。

任意闭合回路 C 内进行转换的全部能量的代数和是零，也就是：

$$\sum_{i=1}^{|c|} \pm h_{\mathrm{i}} - h_{\mathrm{c}}^{\mathrm{f}} - h_{\mathrm{c}}^{\mathrm{z}} = 0 \tag{2-13}$$

式中 h_{i}——分支 $C[i]$ 的风压（如果分支与回路的方向相同，那么 $\pm h_{\mathrm{i}}$ 为正，$h_{\mathrm{i}}>0$，反之，$\pm h_{\mathrm{i}}$ 为负，仍有 $h_{\mathrm{i}}>0$）；

$h_{\mathrm{c}}^{\mathrm{f}}$——回路 C 内的通风机械动力（像泵、风机等）（如果回路内的机械动力克服阻力做功，则 $h_{\mathrm{c}}^{\mathrm{f}}>0$，反之，$h_{\mathrm{c}}^{\mathrm{f}}<0$）；

$h_{\mathrm{c}}^{\mathrm{z}}$——回路 C 内的自然、火风压等（假如回路内的风压克服阻力做功，则有 $h_{\mathrm{c}}^{\mathrm{z}}>0$，反之，$h_{\mathrm{c}}^{\mathrm{z}}<0$。阻力 $h_{\mathrm{c}}^{\mathrm{f}}$ 与 $h_{\mathrm{c}}^{\mathrm{z}}$ 称为附加阻力，均写成 h'）。

2.2.2.2 阻力平衡定律

如果回路内没有自然风压、火风压，也没有通风机械动力，式（2-13）可写成：$\sum_{i=1}^{|c|} \pm h_{\mathrm{i}} = 0$，也就是阻力平衡定律。该定律说明：任意回路内，风流流动方向不相同时，其阻力值的大小一定是相同的。

在回路矩阵 $C=(c_{ij})_{s\times n}$分支顺序排列的基础上，以阻力集合为元素构造阻力矩阵 $H=(h_1, h_2, \cdots, h_n)$ 以及回路附加阻力矩阵 $H'=(h'_1, h'_2, \cdots, h'_s)$。风网中回路的能量平衡方程的矩阵式如下：

$$CH^{\mathrm{T}} = H'^{\mathrm{T}} \tag{2-14}$$

或写成：

$$\left(\sum_{j=1}^{n} c_{ij}h_j - h'_i\right)_{s\times n} = 0 \tag{2-15}$$

式中 s——总回路数；

H^{T}——H 的转置矩阵；

H'^{T}——H'的转置矩阵。

扩展到通路的阻力平衡定律，也就是：

$$PH^{\mathrm{T}} = H'^{\mathrm{T}} \tag{2-16}$$

式中 P——通风网路的所有的通路矩阵。

2.2.3 阻力定律

巷道风流流动时，它的阻力（时常还称为压降、压力损失、能量损失等）的方程式如下：

$$h_i = r_i q_i^x \quad (i=1,2,\cdots,n) \tag{2-17}$$

式中 h_i——分支的阻力值；

r_i——分支的风阻值；

q_i——分支的风量值；

x——流态因子，由风流流态决定，层流时为1，完全湍流时为2，前两者之间的状态时为大于1小于2的中间数。这里只讨论 $x=2$ 的情况。

$x=2$ 时，把式（2-17）代入式（2-16），且把起初假设的分支方向也许和实际情况不一致状况考虑在内，回路中阻力平衡方程可以记作如下形式：

$$\sum_{j=1}^{n} c_{ij}r_jq_j|q_j| - h'_i = 0 \quad (i=1,2,\cdots,s) \tag{2-18}$$

2.3 不同结构的风路及其特点

2.3.1 串联风路的风流特点

两条及以上数量的风路按顺序首尾相互黏结在一块，其间无风流分开汇合点，这样的风路就叫做串联风路。串联风路有以下几个特点。

2.3.1.1 各分支风量 M_i 与总风量 M_s（亦称质量流量）的关系

按照风流连续定律，总风量 M_s 的大小与各分支风量 M_i 的大小相等：

$$M_s = M_1 = M_2 = \cdots = M_n \tag{2-19}$$

如果空气密度恒定，即 $\rho_1=\rho_2=\cdots=\rho_n$，那么体积的总流量 Q_s 与各分支流量 Q_i 相同，也就是：

$$Q_1 = Q_2 = Q_3 = \cdots = Q_n \tag{2-20}$$

2.3.1.2 各分支阻力 h_i 与总阻力 h_s 的关系

根据伯努利方程，系统的总阻力（系统开始断面与末尾断面总机械能的差）与各个串联分支始断面、末断面的总机械能的叠加和相等，故风路串联时的总阻力 h_s 与各分支阻力 h_i 叠加和相等：

$$h_s = h_1 + h_2 + \cdots + h_n \tag{2-21}$$

2.3.1.3 串联总风阻 R_s

风路串联时的总风阻 R_s 与各个分支风阻 R_i 的叠加和相等：

$$R_s = R_1 + R_2 + R_3 + \cdots + R_n \tag{2-22}$$

2.3.2 并联风路的风流特性

风流在 A 点分开，流到 B 点汇合，其间无交叉分支，这些有着相同始点和终点的多条分支组成的风路称为并联风路。其特点如下：

（1）风路并联时总风量 M_s 和各个分支风量 M_i 叠加和相等，即：

$$M_s = M_1 + M_2 + M_3 + \cdots + M_n \tag{2-23}$$

如果密度恒定，即 $\rho_1=\rho_2=\cdots=\rho_n$ 时，风流体积的总流量 Q_s 与各个分支流量 Q_i 叠加和相等：

$$Q_s = Q_1 + Q_2 + Q_3 + \cdots + Q_n \tag{2-24}$$

（2）风路并联时系统总阻力 h_s 与各分支阻力 h_i 相等，也就是：

$$h_s = h_1 = h_2 = h_3 = \cdots = h_n \tag{2-25}$$

由于每条分支的始点与终点都是一样的，所以它们的阻力均与始断面、终断面的总机械能的差值相等。但各条分支的势能差有差别时，上面的结论无效。

（3）风路并联时总风阻 R_s 的平方根的倒数与各个分支风阻 R_i 平方根的倒数叠加和相等，有：

$$\frac{1}{\sqrt{R_s}} = \frac{1}{\sqrt{R_1}} + \frac{1}{\sqrt{R_2}} + \frac{1}{\sqrt{R_3}} + \cdots + \frac{1}{\sqrt{R_n}} \tag{2-26}$$

（4）风路并联时，总风阻和各分支风阻的比值决定着各个分支风量的大小，有：

$$Q_i = \sqrt{\frac{R_s}{R_i}}Q_s \tag{2-27}$$

分支风阻大的风量小，而风阻小的风量大。因此，可选取变化各个分支风阻比例（R_s/R_i）的方法来达到按照需要合理分配各个分支风量的目的。

如果各个分支的风阻是固定不变的，则各个分支的风量和总风量 Q_s 呈一次线性比，换句话说，各个分支风量的变化趋势和总风量的变化趋势相一致。

2.3.3 角联风路的风流特点

在并联的两条分支之间，还有一条或几条分支相通的连接形式，称为角联网路（通风），如图2-3所示。

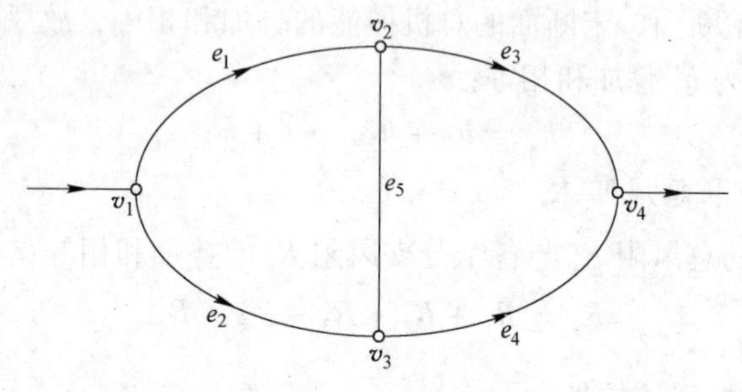

图2-3 流体网络图

分析上面的流体网络关系：

$$\begin{cases} V = \{v_1, v_2, v_3, v_4\} \\ E = \{e_1, e_2, e_3, e_4, e_5\} \\ R = \{r_1, r_2, r_3, r_4, r_5\} \\ Q = \{q_1, q_2, q_3, q_4, q_5\} \\ H = \{h_1, h_2, h_3, h_4, h_5\} \end{cases} \tag{2-28}$$

开始时分支 e_5 的流动方向不明确，若将顺时针方向定为回路方向，则依回路阻力平衡定律有：

$$\begin{cases} r_1 q_1^2 + r_5 q_5 \mid q_5 \mid = r_2 q_2^2 \\ r_3 q_3^2 + r_5 q_5 \mid q_5 \mid = r_4 q_4^2 \end{cases} \tag{2-29}$$

对分支 e_5 中流体的各种流动状况分析如下：

（1）v_2、v_3 节点间无流体流动。当分支 e_5 中没有流体流动时，有 $q_5 = 0$，$q_1 = q_3$，$q_2 = q_4$，用式（2-29）中的上式除以下式，有：

$$\frac{r_1}{r_3} = \frac{r_2}{r_4} \tag{2-30}$$

（2）由 v_2 流向 v_3。此时，式（2-29）可以写成：

$$\begin{cases} r_1 q_1^2 + r_5 q_5^2 = r_2 q_2^2 \\ r_3 q_3^2 = r_5 q_5^2 + r_4 q_4^2 \end{cases} \tag{2-31}$$

因 $r_5 q_5^2 > 0$，所以：

$$\begin{cases} r_1 q_1^2 < r_2 q_2^2 \\ r_3 q_3^2 > r_4 q_4^2 \end{cases} \tag{2-32}$$

亦即：

$$\begin{cases} \dfrac{r_1}{r_2} < \dfrac{q_2^2}{q_1^2} \\ \dfrac{r_3}{r_4} > \dfrac{q_4^2}{q_3^2} \end{cases} \tag{2-33}$$

由节点流量守恒定律可知，$q_2 = q_4 - q_5$，$q_1 = q_3 + q_5$，代入式（2-33）内可得：

$$\frac{r_1}{r_2} < \frac{q_2^2}{q_1^2} = \frac{(q_4 - q_5)^2}{(q_3 + q_5)^2} < \frac{q_4^2}{q_3^2} < \frac{r_3}{r_4}$$

即：

$$\frac{r_1}{r_2} < \frac{r_3}{r_4} \tag{2-34}$$

（3）由 v_3 流向 v_2。同理，可以推导出如下关系式：

$$\frac{r_1}{r_2} > \frac{r_3}{r_4} \tag{2-35}$$

综上所述，可以得出如下结论：在图2-3中，分支 e_5 的流动方向取决于和它相连接分支 $\{e_1, e_2, e_3, e_4\}$ 的流阻 $\{r_1, r_2, r_3, r_4\}$ 间的相互关系，但和该分支自身的流阻 r_5 不相关。当 $r_1/r_2 = r_3/r_4$ 时，分支 e_5 流量为0；当 $r_1/r_2 < r_3/r_4$ 时，分支 e_5 流向是从 v_2 到 v_3；当 $r_1/r_2 > r_3/r_4$ 时，分支 e_5 流向是由 v_3 到 v_2。

2.4 矿井通风网络的特点

随着矿井采掘不停地向地下延伸，矿井通风系统也朝着更为复杂的方向发展。矿井通风最大的任务是保证井下各个工作面的良好的作业通风状况。所以，矿井通风系统运转效果对井下生产的安全性极为重要。矿井通风系统是一个复杂、开放、不稳定的动态系统。

2.4.1 矿井通风网络的复杂性

矿井通风系统是一个复杂的系统，它包含非常多的变量，对大型的矿井来说，分支可达300~600条之多，节点数量通常有300~500个，角联分支数量可达到总分支数量的15%~45%，矿井巷道的总长度为50~200km。用来通风的设施数量有几十个，需风点通常有15~40个，个别的达到上百个。自然环境非常差，采掘深度为400~1000m，矿层厚度为0.5~6.5m，个别的在100m以上；矿层倾斜角度为0°~9°，受褶曲、断层、沉陷等复杂的地质构造及其他因素的影响，矿井通风系统非常复杂[25,26]。

2.4.2 矿井通风网络的动态性

在生产过程中，时间和空间不断变化，矿井风网的结构也相应随之变化。开采掘进面的持续推进、交替，开采区域的准备作业、投入生产、结束生产及接替工作，井巷开拓延伸等工程的持续进行，这些因素导致风网结构随着时间的推移而改变，使得通风系统中的各种参数（如温度、粉尘等）也发生改变。另外，采矿作业导致通风井巷受压迫而形状发生变化，横断面变小，冒顶事故经常发生；通风设施因为受到挤压，形状发生改变，漏风概率升高；井下通风设备由于磨损、生锈腐蚀，性能变弱。最终导致通风系统的各种参数发生随机变化。综上所述，通风网络系统是一个随机的动态系统[27]。

2.4.3 矿井通风网络稳定性的影响因素

矿井通风系统是一个复杂的、开放的、不稳定的动态系统。通风系统在矿井的安全生产中占有极为重要的地位，它的可靠性与稳定性是井下安全生产的保障。所以，分析影响矿井通风系统稳定性的因素是一项非常有意义的工作。

矿井通风系统维持其参数值在工作进程中平稳（不波动）的能力称为稳定性。在通风系统中风流非稳定性的流动有：井巷中通风风流风量的大小改变或者风流的流向改变，而且改变的程度不在允许值以内。灾变时期的不稳定现象和正常时期的不稳定现象是矿井中通风风流不稳定流动的两种表现。正常时期风流不稳定现象按照产生原因分为：因为通风动力运行中出现波动而造成的不稳定现象以及由风网导致的不稳定现象。使通风系统不稳定的原因有很多，比如通风动力、通风构筑物的不正常运行，增加减少部分巷道，通风管理有漏洞，采掘面的进、退，自然风压，采区的接替、生产过度，甚至在巷道中走人、过车以及堆放物品等，这些因素均能影响风网中风流的稳定性[28,29]。

一个科学、完善的通风系统，必须达到以下基本条件：

（1）能把充足的新鲜空气输送到需风工作点，有效通风效率高、质量好；

（2）系统简单，可操作性高，稳定可靠；

（3）布局合理，通风阻力小，便于调节；

（4）抗灾能力强，平常便于预防，灾变时可以有效抑制灾害的扩大，并能在短时间内恢复生产；

（5）经济效益高，基建投资、运转和维修费用低。

2.5 矿井通风系统的优化

通风系统对矿山安全生产至关重要。有效的矿井通风，通常是治理污风循环、漏风、火灾、粉尘等的重要措施，所以优化通风系统是十分必要的。对矿井通风系统的优化研究包括以下几类：对风网中阻力调节的研究、对风量调节的研究、对主风机工况的研究、对安全可靠性的研究等。

2.5.1 矿井通风系统的阻力调节

在优化矿井通风系统工作中，采取降低通风阻力的措施是非常关键的。不管是在矿井通风系统的优化设计还是管理中，都必须尽可能地降低通风阻力，因为这关系到矿井的安全生产及企业盈利。

风流流经单位长度的巷道时需要的能量和该巷道的阻力成正比，所以风流的阻力随流经巷道阻力的增减而增减。另外，矿井总阻力并不简单等于某条风路上各个分支阻力的代数和，因为需要考虑矿井通风系统网络的结构，需要按照风路的串、并联及其复杂性来求解。

如果两个矿井通风系统的网络结构不一样，即便是分支的数量、风阻、风量一样，这两个系统的总风阻与总阻力也是不相等的。因此，明确了井巷数量及参数后，需要拟定适当风路，不用或者少用串联风路，尽可能选用并联风路，且遵守“早分晚合”的理论（也就是在源点处让风流分开，直到汇点处让风流合在一起），尽量避免或者少进行增风调风，使矿井总阻力最小化。

降低矿井通风阻力的方法[30~32]有以下几种：

(1) 并联通风。在风量一样时，并联风路的阻力比串联风路的阻力小很多，对通风系统的阻力进行实地测量或者数值模拟，把通风系统网络中阻力较高的区段挑出来，利用开启旧井巷或者开拓新井巷的措施，使通风系统成为并联的，降低总通风阻力。

(2) 开挖新井巷，缩短风路长度。在矿井生产过程中，开采区域不断向远处、深水扩展，使得井田过大，风路长度持续增长，空区漏风量增加，会出现需风量及通风阻力增加的问题。如果现有通风系统不能完成通风任务或者经济性较差时，应该在新水平层次或者边远采区挖掘新风井，缩短通风线路的长度，以保障通风的有效性和经济性。

(3) 完善通风系统，科学分配风机载荷。在矿井生产中，如果通风系统不能满足生产需要时，要及时改善生产布局，完善通风系统的网络，科学分配风机载荷，尽可能地发掘已有风机、井巷的潜能。

(4) 适当增加或者减少风机数量（在必要且允许的情况下），完善通风系统。

(5) 增加井巷断面面积，降低局部阻力。矿井通风系统的阻力常常在某些高阻力区段聚集，把这些高阻力区段区分出来，把它们的横断面面积在合理的范围内增加，可以有效地降低通风阻力。另外，最大限度地使巷道平直、壁面光滑，最好能避免巷道断面突扩或者突缩，以降低摩擦阻力及局部阻力。

2.5.2 矿井通风系统的风量调节

风网中的风量常按巷道的风阻自行分配，致使各个工作面的风量时常与生产能力不相匹配，需要对风量重新进行调控。另外，在矿井生产进程中，随着采掘进度、工作面的推进交替，巷道风阻、网络结构以及风量都在不断改变，所以要适时地对风量进行调节。由此可见，风量调节是通风系统优化及管理的关键环节，具有经常性、长期性，它的效果直接关系到矿井的安全生产及经济效益[33]。

按通风效果影响的区域的大小，风量调节分为矿井总风量调节和局部风量调节。局部风量调节是指在充分的矿井总风量的条件下，对开采区域内每个采面、采区、翼、水平分担的风量进行调节，使各工况点都有充分的风流。在普通矿井或多风机矿井中，当某个通风系统总风量剩余过多或过少时，对矿井或该系统总风量进行的调节称为矿井总风量调节。

减阻法、增阻法及辅助通风机调节法是三种不同的局部风量调节方法。选择调节方法以及调节幅度时，需要把对整个通风系统可能产生的影响考虑在内，也就是系统中的风流在调节以后的改变状况。减阻调节法与辅助通风机调节法的影响作用机理相似：和减阻支路相并联的支路风量变小，但整体通风系统中总风量变大，总风量增加的幅度随着减阻支路在总风网中位置的变化而变化。增阻调节法的效果恰恰相反：和增阻调节支路相并联支路的风量变大，但整体通风系统的总风量变小，减少的幅度随着增阻支路在总风网中位置的变化而变化。当采取局部风量调节法时，需要考察该方法[57~59]是否切实可行，以确保有效通风。减阻调节法与辅助通风机调节法可以使系统总风量变大，但耗资大、施工期长，施工可能妨碍生产的正常进行，而且辅助通风机调节法也许会使通风系统的安全性下降，影响生产安全。虽然增阻调节法施工简便、时间短，但风网中的整体风量会变小。所以，在对通风系统进行改造及优化时，需要对拟定措施的整体性、安全性、时间性及经济性等进行多方位考虑，选择最佳的整改方案。

矿井总风量调节法有：改变主通风机特性调节法、改变主通风机风阻调节法和以上两者兼有的调节法。根据调节目的的差异，又可分成增风调节法和减风调节法。主通风机的能力剩余过多、供风量远大于需风量时，以降低主通风机用电量和避免井巷中风流超速为基础，进行风量减小的调节工作。改变风机工作阻力以及降低主通风机能力是减风调节的两种方法。

能使主通风机工作阻力发生变化的方法有把风洞内的闸门落下以增阻力减风量；加大地面漏风。但必须明确的是，离心式风机的功率与风量成正比，与风量的增减趋势相一致，但是在允许的变化幅度内，轴流式风机的功率与风量成反比，也就是功率与风量的增减趋势正好相反。所以，同样是使用增阻调节法，离心式风机可以减少电耗，但是轴流式风机反而增加用电量。选择增大地面漏风的方法，会降低风机的工作风阻，增加风机风量且减少井下总风量。

在允许运行范围内，因为离心式风机的功率曲线式单调递增，而轴流式风机的功率单调式曲线递减，所以加大地面漏风量能使轴流式风机减少电耗，而离心式风机则不能。但是，轴流式风机也仅可以将这种方法当作暂时性的方法，需要开发更经济的调节方案[34]。

2.5.3 矿井通风系统的主通风机工况优化

主通风机相当于矿井的肺脏，它的工作状态关系到整个矿井的生产安全和经济效益，所以说，主通风机在矿井生产中是不可或缺的。主通风机工作一个时期之后，它的性能会因为磨损、腐蚀等而降低，严重时会影响正常生产。另外，因为采掘工作结束作业或者矿井收缩，造成主通风机能力过剩、电能浪费，必须对主通风机工况点进行相应的调整。所以说，主通风机工况点的调节对改造和优化矿井通风系统有着极为关键的作用，是风网整改的重要内容。

工况点是指风机在某个固定转速和阻力状态下的一组活动参数，如风量 Q、风压 H、效率 η、转速 N 等。但往往指风量 Q 和风压 H 这两个参数。主通风机是确保矿井生产安全的关键设备，长期连续工作，耗能量大，所以主通风机在其服役期间工况点都要在合理的范围内。这个范围是指：在经济上，风机的工作效率应高于60%（含60%）；在安全上，通风机的工况点必须位于稳定区段，也即轴流式风机的工况点必须位于风压特性曲线驼峰点右边单调递减区段内，而不是位于左边的区段。矿井通风阻力突然增大的偶然因素会使工况点进入非稳定区域内，为了避免这种突发状况，要求风机工作的实际风压必须低于最大风压的90%；规定动轮转速不能超过额定转速；限定电机必须在负荷允许范围内工作。

主通风机工况点的优化调节常指对主通风机能力进行的调节，包含增大主通风机的能力与减小主通风机的能力。降低主通风机能力的具体方法[35,36]有：

（1）前导器调节风量。通常在风机入风口的位置配有前导器，用变换前导器开闭的方法改变入风流向，进而改变风机的特性曲线。与落下闸门调风法相比，前导器调风法可降低能耗，所以要尽可能地选用前导器调风法。只是前导器调节法调节的幅度较小，仅能在调风范围较小的情况下使用，此外关闭前导器叶片还要耗用一些电能。

（2）减小风机转速。依据比例定律，风机在运转阻力稳定的条件下，风量和转速一次方成正比，轴功率和转速三次方成正比。故在风量需要减小时，能利用减小风机转速的措施来减小风量、降低功率和节约能量。减小风机转速是一种较为理想的调节方法（减小风量节约能量），它能同时适用于轴流式、离心式这两种风机。减小通风机转速的方法有：用新电机替换旧电机，选择双速电机，可选择利用液力耦合器、可控硅串级、齿轮减速器进行调速，还可以利用变换传动比来调速等。

(3) 减小叶片安装角。叶片安装角直接影响轴流式风机的能力，轴流式风机的能力与叶片安装角的增减相一致，风机的耗电量也一样，所以风机能力过剩时，减小叶片安装角就能减小风量，节约电能。

(4) 拆除一段动轮。如果选择的是两级轴流式风机进行矿井通风，并且风机能力过剩，可以选择拆除其中的一段动轮，这种做法很大程度上能降低能耗。把动轮拆除后，风机在工作之前必须要进行平衡测定，以确保其动态平衡，否则风机的使用周期会缩短，严重时造成大的轴破坏，导致毁机事故的发生。

(5) 拆除些许动叶。为了能使轴流式风机减小风量，降低能耗，可以拆除些许动叶。由于叶片数量变少，叶栅稀疏，所以风量变小，风压降低，进而能耗也降低了。

(6) 改用小能力风机。如果风机能力过剩，改用能力较小的风机也是一种减小风量、节约电量的有效措施。但要注意，在多个风机联合工作的矿井中，改造通风系统时，若采取把主通风机能力降低的方法来减小风量、节约能量时，必须杜绝以下情况：由于风机之间相互作用造成小风机不能稳定运行。

关于增大主通风机能力的办法有很多：使轴流式风机的叶片安装角变大；加快风机的转速；更换叶片；适时维护保养主通风机，提高工作效率；改善扩散器；回收部分动压转化为风机静压；改用新型高效风机或者机芯。

2.6 本章小结

本章从流体力学的角度入手，分析了通风网络矩阵以及风流在矩阵中流动的基本规律；阐述了矿井通风系统网络串联、并联和角联各自的风流特性；总结了矿井通风网络复杂性、动态性特点以及影响矿井通风系统稳定性的各种因素；提出了从矿井通风系统风阻调节、风量调节、主通风机工况优化三个方面来改善矿井通风系统。

3 巷道湿热交换及角联网络的模拟

对井巷中的高温高湿环境进行有效治理，必须先掌握井巷中风流流场的形态，即风流的温度场与湿度场的分布规律。这样才能针对不同区域作业环境的湿热程度提出合理的热害防治措施。现场实测和调查是最好的方法，但需要大量的时间和精力，现实条件与之相差甚远，而数值模拟可以在有限的条件下很好地展现特定环境下的风流的温度场与湿度场的分布情况、变化规律等，可以更好地对井下的高温高湿环境进行预防、治理。

3.1 流体动力学基本理论及数学模型

3.1.1 流体力学基本模型

尽管矿井井下风流流动是一个非常复杂的流体力学问题，但它仍遵循质量守恒定律、动量守恒定律和能量守恒定律，体现为流体力学中的连续性方程、动量方程和能量方程。

为计算方便起见，本书简化了模型，并做出了一些假设。将巷道中的风流流动简化为三维的、不可压缩的、稳态的紊流，并且满足 Boussinesq 假设[37,38]。

3.1.1.1 连续性方程

连续性方程，又称质量守恒方程，所有流体流动都必须遵守质量守恒定律。按照质量守恒定律，在一定时间内流出控制体积的流体质量的总和与同时间间隔内控制体积内流体因密度改变而减少的质量相等。流体流动的连续性微风方程是：

$$\frac{\partial \rho}{\partial t} + \frac{\partial(\rho u_x)}{\partial x} + \frac{\partial(\rho u_y)}{\partial y} + \frac{\partial(\rho u_z)}{\partial z} = 0 \tag{3-1}$$

式中 u_x——x 方向的速度分量，m/s；

u_y——y 方向的速度分量，m/s；

u_z——z 方向的速度分量，m/s；

t——时间，s；

ρ——密度，kg/m^3。

引入哈密顿微分算子：

$$\nabla = i\frac{\partial}{\partial x} + j\frac{\partial}{\partial y} + k\frac{\partial}{\partial z} \tag{3-2}$$

则式（3-1）可表示为：

$$\frac{\partial \rho}{\partial t} + \nabla \cdot (\rho \boldsymbol{u}) = 0 \tag{3-3}$$

对于恒定流动，$\frac{\partial \rho}{\partial t}=0$，那么式（3-1）可以写成：

$$\frac{\partial (\rho u_x)}{\partial x} + \frac{\partial (\rho u_y)}{\partial y} + \frac{\partial (\rho u_z)}{\partial z} = 0 \tag{3-4}$$

对于不可压缩流动，ρ 为常数，则有：

$$\frac{\partial u_x}{\partial x} + \frac{\partial u_y}{\partial y} + \frac{\partial u_z}{\partial z} = 0 \tag{3-5}$$

3.1.1.2　动量方程

动量方程的实质是满足牛顿第二定律，即任意一流体微元，其动量对时间的变化率和外界作用在该微元体上的各种力的合力相等。由此可以导出 x、y、z 三个方向的动量方程：

$$\frac{\partial (\rho u_x)}{\partial t} + \nabla \cdot (\rho u_x \boldsymbol{u}) = -\frac{\partial p}{\partial x} + \frac{\partial \tau_{xx}}{\partial x} + \frac{\partial \tau_{yx}}{\partial y} + \frac{\partial \tau_{zx}}{\partial z} + \rho f_x \tag{3-6a}$$

$$\frac{\partial (\rho u_y)}{\partial t} + \nabla \cdot (\rho u_y \boldsymbol{u}) = -\frac{\partial p}{\partial y} + \frac{\partial \tau_{xy}}{\partial x} + \frac{\partial \tau_{yy}}{\partial y} + \frac{\partial \tau_{zy}}{\partial z} + \rho f_y \tag{3-6b}$$

$$\frac{\partial (\rho u_z)}{\partial t} + \nabla \cdot (\rho u_z \boldsymbol{u}) = -\frac{\partial p}{\partial y} + \frac{\partial \tau_{xz}}{\partial x} + \frac{\partial \tau_{yz}}{\partial y} + \frac{\partial \tau_{zz}}{\partial z} + \rho f_z \tag{3-6c}$$

式中　p——流体微元体上的压强，Pa；

τ_{xx}，τ_{xy}，τ_{xz}——分别为微元体表面上黏应力 τ 的分量，Pa；

f_x，f_y，f_z——分别为 x、y、z 三个方向的单位质量力，m/s^2，因为在模拟时不考虑重力因素的作用，所以 $f_x=f_y=f_z=0$。

3.1.1.3　能量方程

包含有热交换的流动系统必须遵守能量守恒定律，能量守恒定律的实质是热力学第一定律。由能量守恒定律可知，流体微元中能量的增加率与流入微元体的净热流通量的净值加上表面力和质量力对微元体所做的功相等。其表达式是：

$$\frac{\partial (\rho E)}{\partial t} + \nabla \cdot [\boldsymbol{u}(\rho E + P)] = \nabla \cdot [k_{\mathrm{eff}} \nabla T - \sum_j h_{\mathrm{j}} J_{\mathrm{j}} + (\tau_{\mathrm{eff}} \cdot \boldsymbol{u})] + S_{\mathrm{h}} \tag{3-7}$$

式中　E——微团体的总能量，J/kg，包括动能、势能和内能之和，$E=h-\frac{p}{\rho}+\frac{u^2}{2}$，$h$ 为焓，J/kg；

h_{j}——组分 j 的焓，J/kg，定义为 $h_{\mathrm{j}} = \int_{T_{\mathrm{ref}}}^{T} C_{p,j} \mathrm{d}T$，$T_{\mathrm{ref}}=298.15\mathrm{K}$；

k_{eff}——有效热导率，W/(m·K)，$k_{eff}=k+k_t$，k_t 为湍流的热传导系数，由选用的湍流模型来确定；

J_j——组分 j 的扩散通量；

S_h——包括化学反应热及其他用户定义的体积热源项。

3.1.2 湍流流动模型

本书所模拟的井下风流流动为紊流流动，因此要选取相应的湍流模型进行简化处理。现在工程上主要用于模拟分析湍流的模型有单方程模型、标准 $k-\varepsilon$、修正 $k-\varepsilon$ 模型、Reynold 应力模型及大涡模拟等。这里选取的是标准 $k-\varepsilon$ 模型[39]。

湍动耗散率：

$$\varepsilon = \frac{\mu}{\rho}\overline{\left(\frac{\partial u'_i}{\partial x_k}\right)\left(\frac{\partial u'_i}{\partial x_k}\right)} \tag{3-8}$$

湍动黏度：

$$\mu_t = \rho C_\mu \frac{k^2}{\varepsilon} \tag{3-9}$$

$$\frac{\partial(\rho k)}{\partial t} + \frac{\partial(\rho k u_i)}{\partial x_i} = \frac{\partial}{\partial x_j}\left[\left(\mu + \frac{\mu_t}{\sigma_k}\right)\frac{\partial k}{\partial x_j}\right] + G_k + G_b - \rho\varepsilon - Y_M + S_k \tag{3-10}$$

$$\frac{\partial(\rho \varepsilon)}{\partial t} + \frac{\partial(\rho \varepsilon u_i)}{\partial x_i} = \frac{\partial}{\partial x_j}\left[\left(\mu + \frac{\mu_t}{\sigma_\varepsilon}\right)\frac{\partial \varepsilon}{\partial x_j}\right] + C_{1\varepsilon}\frac{\varepsilon}{k}(G_k + C_{3\varepsilon}G_b) - C_{2\varepsilon}\rho\frac{\varepsilon^2}{k} + S_\varepsilon \tag{3-11}$$

$$\begin{cases} G_k = \mu_t\left(\dfrac{\partial u_i}{\partial x_j} + \dfrac{\partial u_j}{\partial x_i}\right)\dfrac{\partial u_i}{\partial x_j} \\ G_b = \beta g_i \dfrac{\mu_t}{Pr_t}\dfrac{\partial T}{\partial x_i} \\ \beta = -\dfrac{1}{\rho}\dfrac{\partial \rho}{\partial T} \\ Y_M = 2\rho\varepsilon M_t^2 \\ M_t = \sqrt{k/a^2} \\ a = \sqrt{\gamma R T} \end{cases} \tag{3-12}$$

式中 G_k——由平均速度梯度引起的湍动能产生的影响因子；

G_b——由浮力影响引起的湍动能产生的影响因子；

Y_M——可压缩湍流脉动膨胀对总耗散率的影响因子；

$C_{1\varepsilon}$，$C_{2\varepsilon}$，$C_{3\varepsilon}$——经验常数，一般情况下取 $C_{1\varepsilon}=1.44$、$C_{2\varepsilon}=1.92$、$C_{3\varepsilon}=0.09$；

σ_k，σ_ε——湍动能与湍动能耗散率分别对应的普朗特常数，一般取 $\sigma_k=$

1.0、$\sigma_{\varepsilon}=1.3$；

Pr_t——湍动普朗特常数，一般取 $Pr_t=0.85$；

g_i——重力加速度在 i 方向上的分量；

β——线膨胀系数；

M_t——湍动马赫数；

a——声速。

3.2 巷道风流湿热交换的数值模拟

FLUENT 主要是用来模拟计算具有复杂几何形状的区域内的流体流动及传热导热问题，具有完全的网格灵活特性，使用的网格可以是非结构化的，像三角形、四边形、四面体、六面体以及金字塔形的，网格还可以是混合型非结构的以及动网格。FLUENT 还有个特点就是可以根据解的实际情况对网格进行自适应修改（粗化与细化）。可以计算的物理类型主要有：无粘流、层流与紊流流动，可压缩流动与不可压缩流体的流动，流体的稳态流动和瞬态流动，牛顿流体与非牛顿流体的流动，辐射换热问题，对流换热（包含混合对流和自然对流）问题，导热和对流换热的耦合问题，惯性及非惯性坐标情况下流体的流动，多运动坐标系情况下流体的流动，化学成分的混合及反应，两相流，多孔介质流体流动，复杂形状断面下自由面流体流动等。用 FLUENT 软件使金属矿山巷道湿热交换动态数值模拟的研究可以在较为理想的条件下进行，既增加了其安全性又节约了试验成本。

3.2.1 模型的假设

为了计算简便起见，对风流模型做了简化，在进行模拟分析时做出一些假设：

(1) 风流是不可压缩流体，不考虑由流体黏性力做功引起的耗散热；

(2) 重力对风流的影响忽略不计，即风流各参数在竖直方向上均匀分布；

(3) 风流流动为充分发展的稳态湍流，满足 Boussinesq 假设；

(4) 不考虑围岩壁面间的热辐射换热；

(5) 巷道围岩均质且各向同性，在各个方向的传热是均匀进行的；

(6) 围岩传递的热量全部传递给风流。

3.2.2 模型的建立

为了研究矿井高温巷道中风流与巷道的湿热交换，了解风流温度场、湿度场的分布规律，以山东黄金集团灵山分矿为工程背景，进行仿真分析。为了计算方便，对巷道模型做了一些简化。巷道为拱形，上面拱高 0.5m，下边矩形宽 2.5m，高 2m，巷道长度取 100m（图 3-1），风速为 1.5m/s。

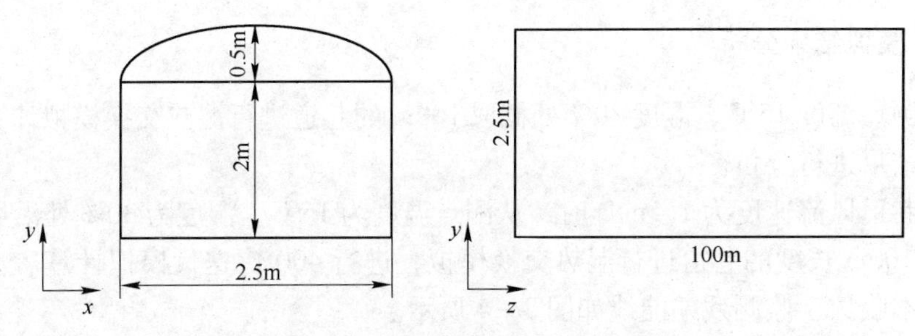

图 3－1　巷道模拟区域几何尺寸

巷道模拟区域（图 3－2）网格划分主要以六面体作为基本控制形状，在适当位置包含楔形，共划分网格 98000 个，如图 3－3 所示。

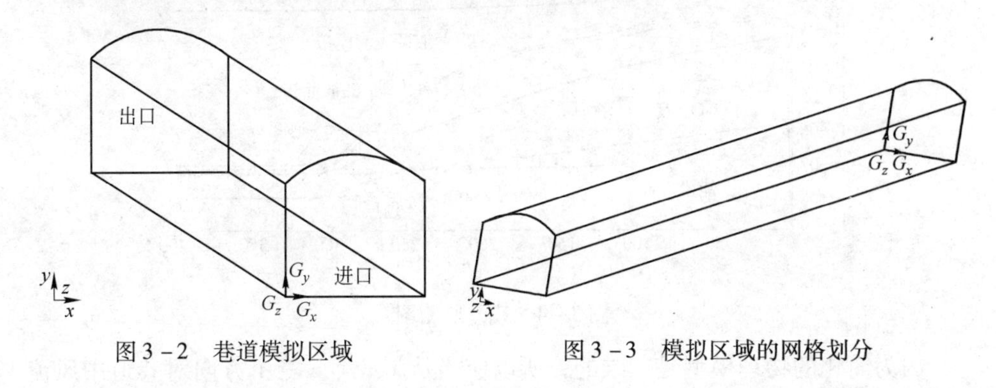

图 3－2　巷道模拟区域　　　　图 3－3　模拟区域的网格划分

3.2.3　边界条件及计算参数的设置

（1）入口边界条件：速度入口（velocity inlet），风速为 1.5m/s，根据风流初始参数及相关经验公式计算风流湍流参数，主要包括湍动能 k 和湍动耗散率 ε。

（2）出口边界条件：自由出口（outflow），开始时为了更快得到较好的收敛效果将出口边界条件设置为压力出口（pressure outlet），通过对两种不同出口边界条件的模拟结果的分析，收敛效果基本相似，最终决定将出口边界条件设为自由出口。

（3）巷道壁面边界：壁面边界（wall）设为无滑移的，围岩壁面温度设为 30℃，湿度系数设为 0.6，岩石质量热容为 0.93kJ/(kg · K)，岩石密度为 2674.5kg/m^3，围岩壁厚设为 2m，岩石的导热系数经测量计算为 2.288W/(m · K)，岩石的导温系数（热扩散率）为 0.9395m^2/s，对流传热系数经过计算为 7.9786W/(m^2 · K)。

采用基于压力基的隐式求解方法，选用标准 $k-\varepsilon$ 湍流模型，SIMPLE 算法计算流场。为了得到更好的收敛效果，把能量方程改为二阶离散化方法，并且降低能量松弛因子进行解算。

3.2.4 模拟结果分析

从测点温度15℃、湿度30%处截取100m的巷道进行湿热交换模拟计算，并对模拟结果进行分析。

当巷道风流速度为1.5m/s时，从测点温度为15℃、湿度为30%处沿风流方向截取100m长度的巷道进行湿热交换模拟，进行400次迭代模拟计算后，计算结果基本收敛，监测残差曲线如图3-4所示。

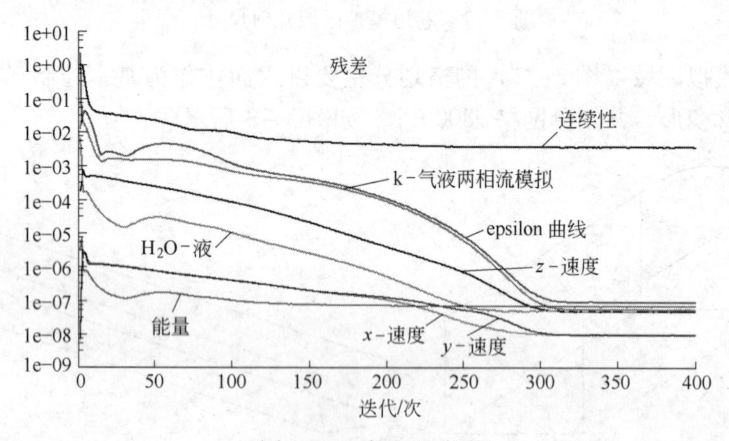

图3-4 残差监测图

因为简化的物理模型是三维的，所以应当从 x、y、z 三个方向对巷道中风流温度场、湿度场的分布情况进行分析。

3.2.4.1 温度场

A x 轴方向

从图3-5和图3-6可以看出，所模拟区域中风流的温度变化范围为15~

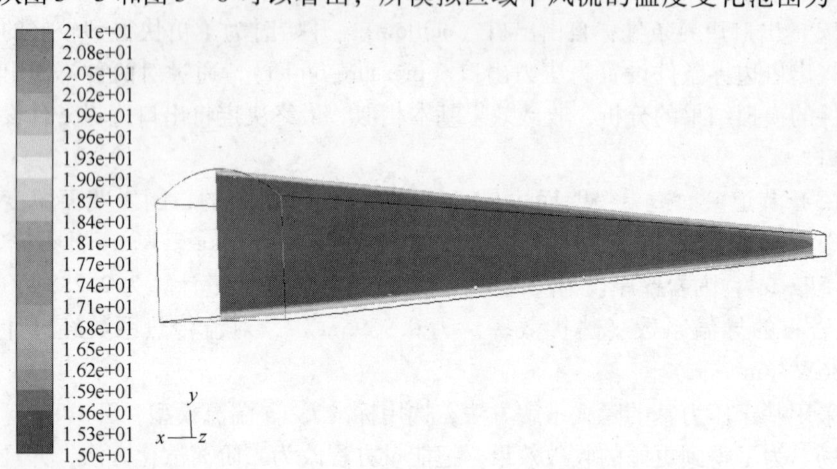

图3-5 $x=1.25$m 风流温度在整个巷道中的分布趋势

21.1℃。在靠近上下围岩壁面处，离壁面越近，风流的温度变化越大，离入风口处越远，温度变化越明显。

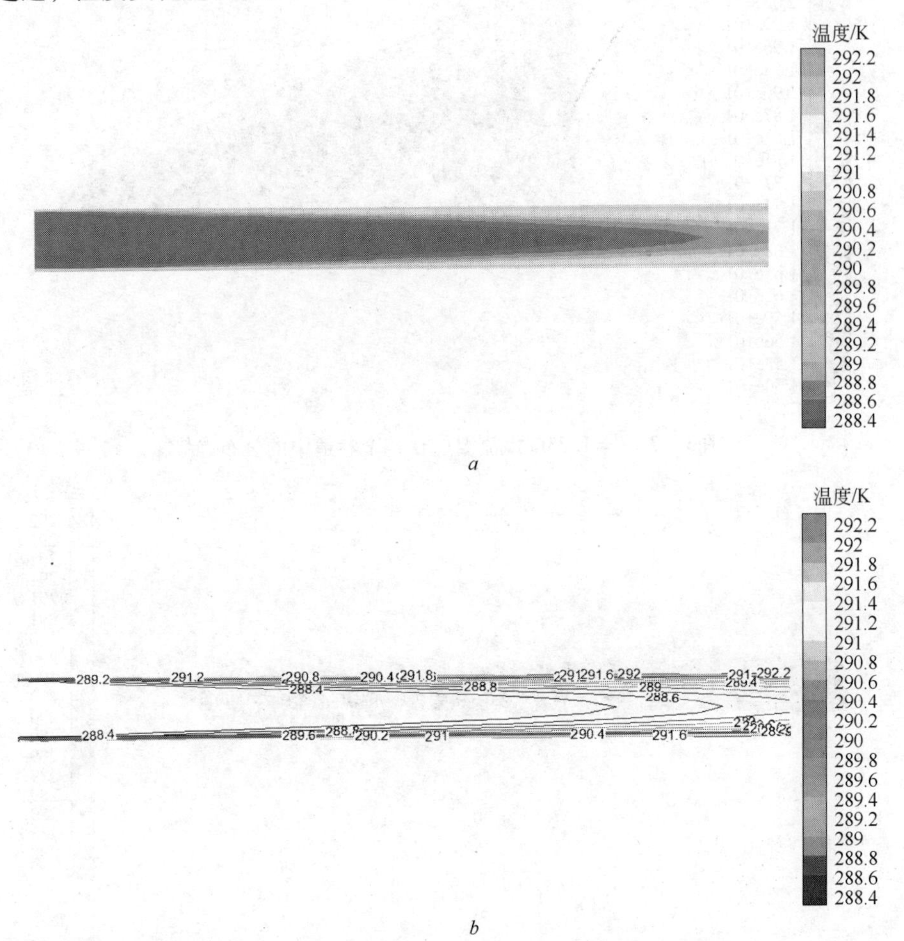

图3－6　$x=1.25$m 横断面风流温度云图和等值线图

a—风流温度云图；*b*—风流温度等值线图

B　*y* 轴方向

从图3－7和图3－8可以看出，所模拟区域中风流的温度变化范围为15～21.1℃。在靠近左右围岩壁面处，离壁面越近，风流的温度变化越大，离入风口处越远，温度变化越明显。

C　*z* 轴方向

从图3－9和图3－10可以看出：随着风流温度的升高，风流和岩壁的温差越来越小，热交换进行得越来越弱；在巷道左下角和右下角处风流温度较高，这是因为在巷道左下角和右下角处空间狭小，不利于风流流动，影响了通风降温的效果。

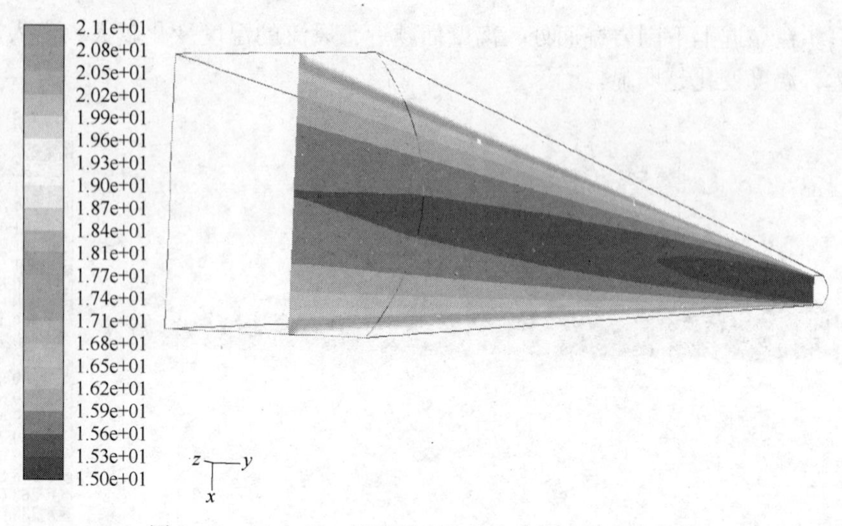

图 3－7　$y=1.25$m 风流温度在整个巷道中的分布趋势

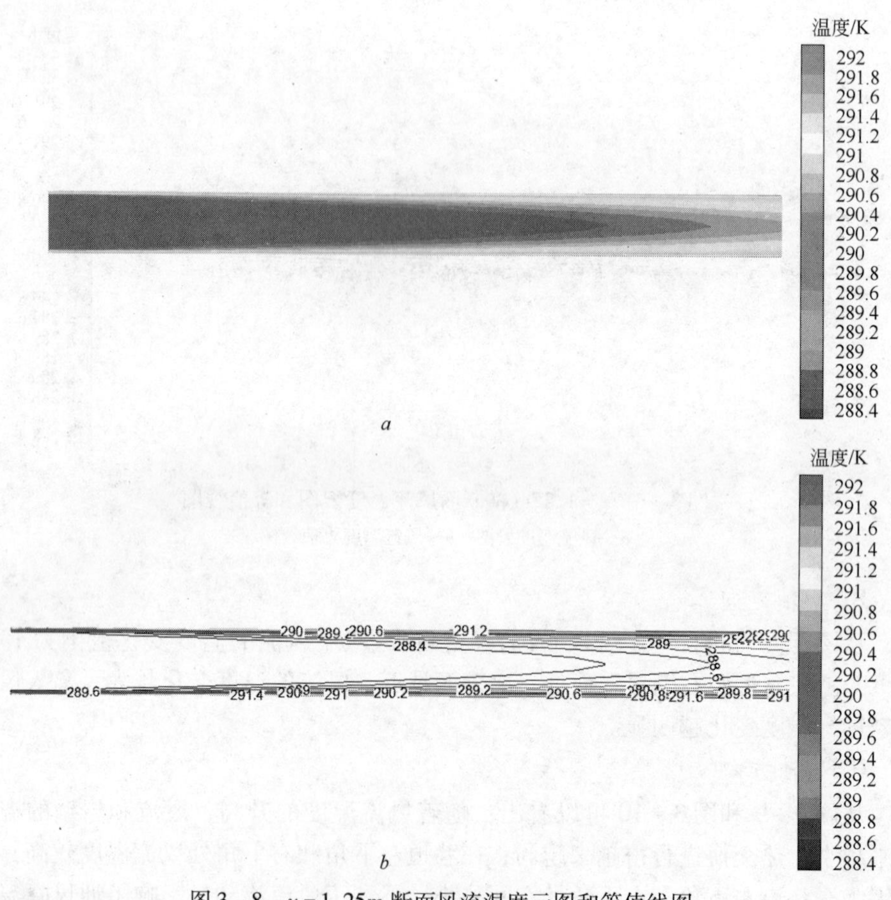

图 3－8　$y=1.25$m 断面风流温度云图和等值线图

a—风流温度云图；*b*—风流温度等值线图

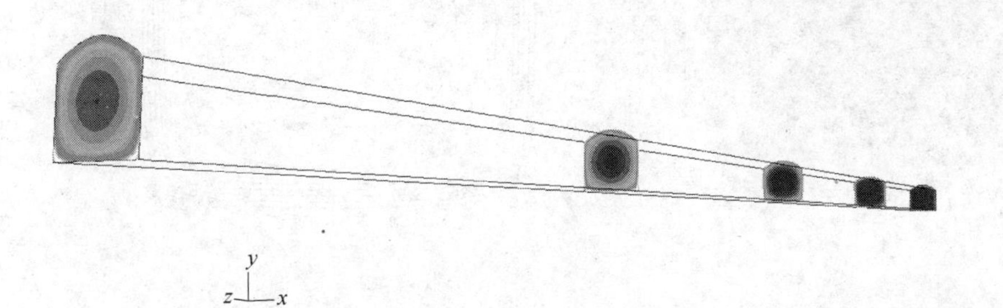

图 3-9 $z=0$m、25m、50m、75m、100m 风流温度在整个巷道中的分布趋势

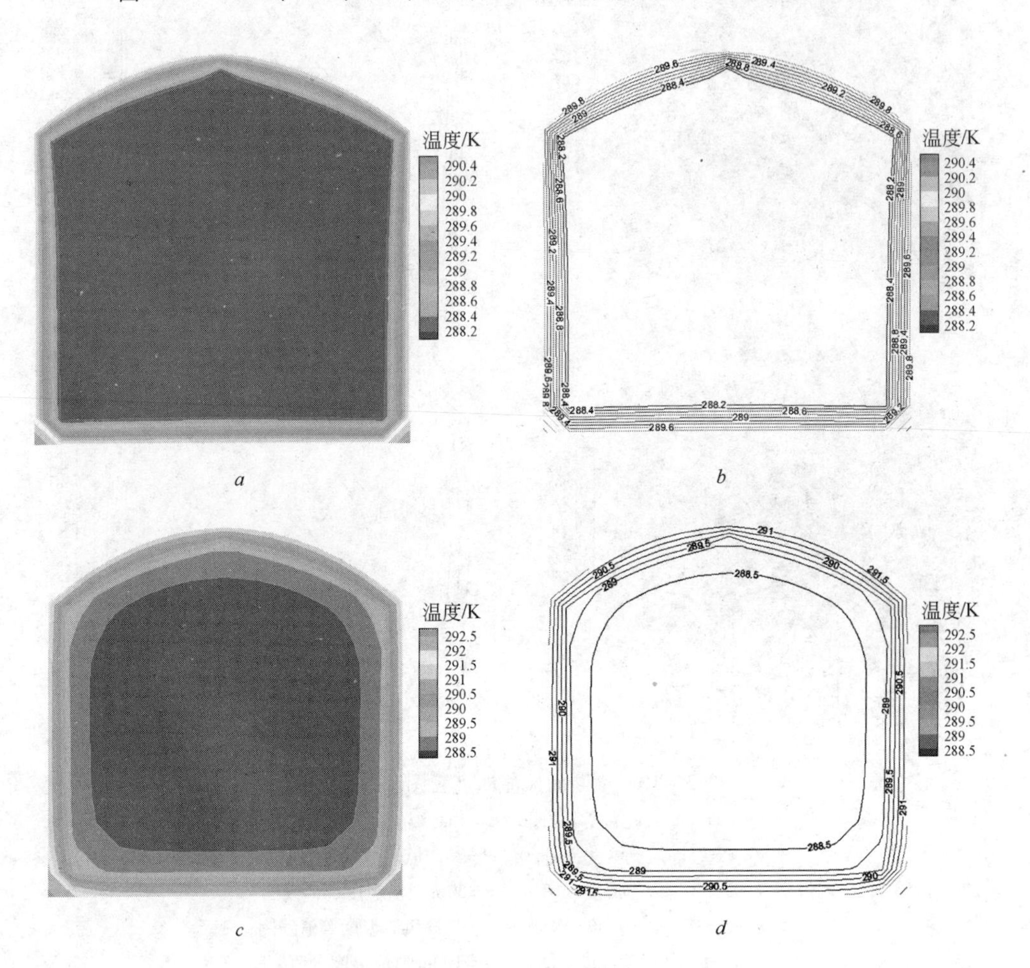

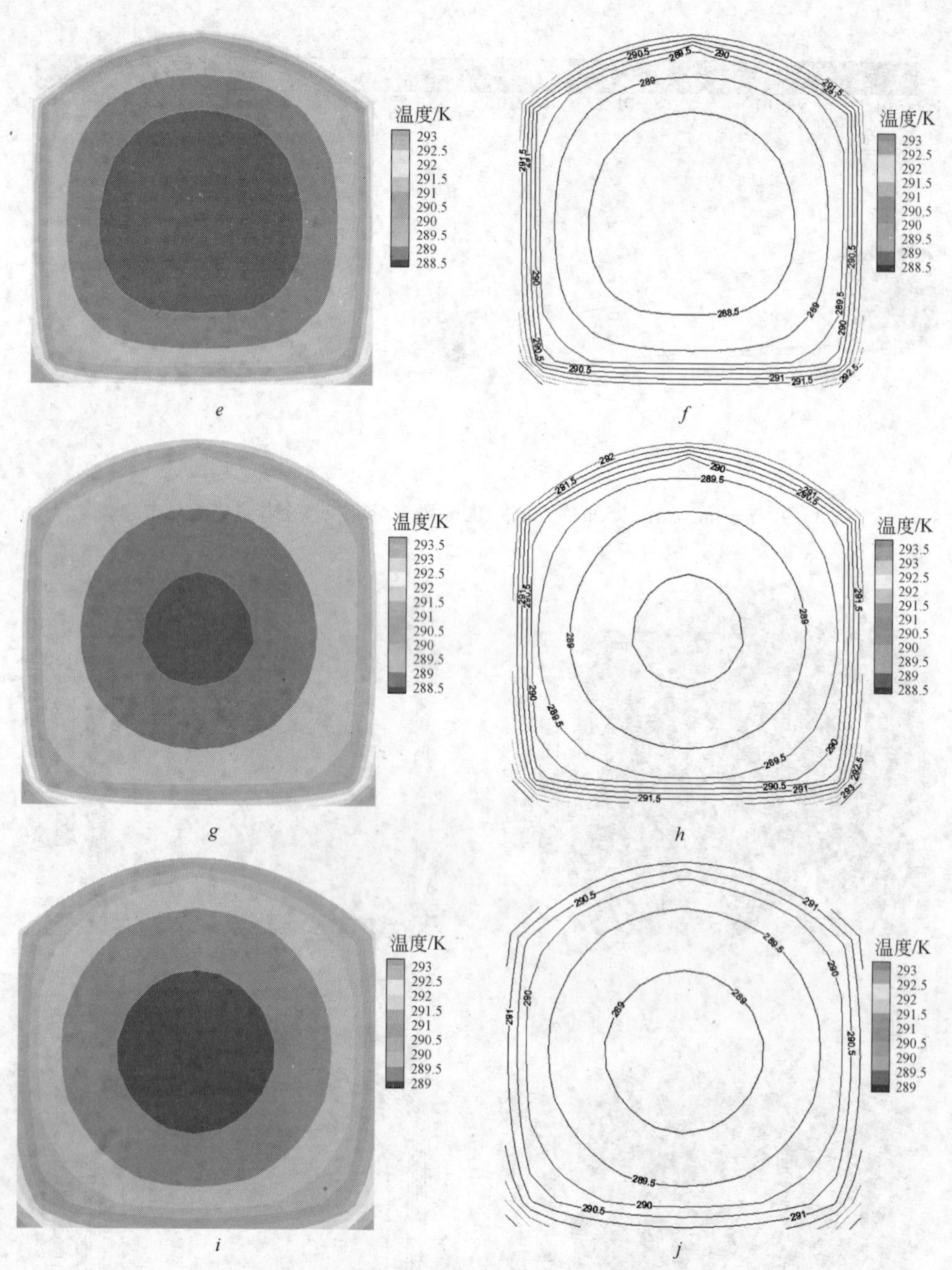

图 3－10　横断面风流温度云图和等值线图

a—*z*＝0m 风流温度云图；*b*—*z*＝0m 风流温度等值线图；
c—*z*＝25m 风流温度云图；*d*—*z*＝25m 风流温度等值线图；
e—*z*＝50m 风流温度云图；*f*—*z*＝50m 风流温度等值线图；
g—*z*＝75m 风流温度云图；*h*—*z*＝75m 风流温度等值线图；
i—*z*＝100m 风流温度云图；*j*—*z*＝100m 风流温度等值线图

通过对以上风流温度场的分析可以得出如下结论：

（1）通过对前面所截取的温度场分布图的分析，可以看出靠近围岩壁面处温度变化最快，在横断面上离壁面越远，风流变化越慢，在断面中心处在一定距离范围内风流温度变化缓慢；

（2）沿着风流流动的方向，风流温度逐渐升高，风流和岩壁的温差越来越小，热交换进行得越来越弱；

（3）通过对在 z 轴横断面上的温度场分布图的分析，可以看出左下角和右下角处风流温度高于其他部位，这是因为在左下角和右下角处是死角空间狭小，减小了风流速度，致使通风降温效果不理想。

3.2.4.2　湿度场

A　x 轴方向

从图 3－11 和图 3－12 可以看出，所选择的模拟区域中风流的湿度变化范围为 30.8%～88.8%。在靠近上下围岩壁面处，离壁面越近，风流的湿度变化越大，离入风口处越远，湿度变化越明显。

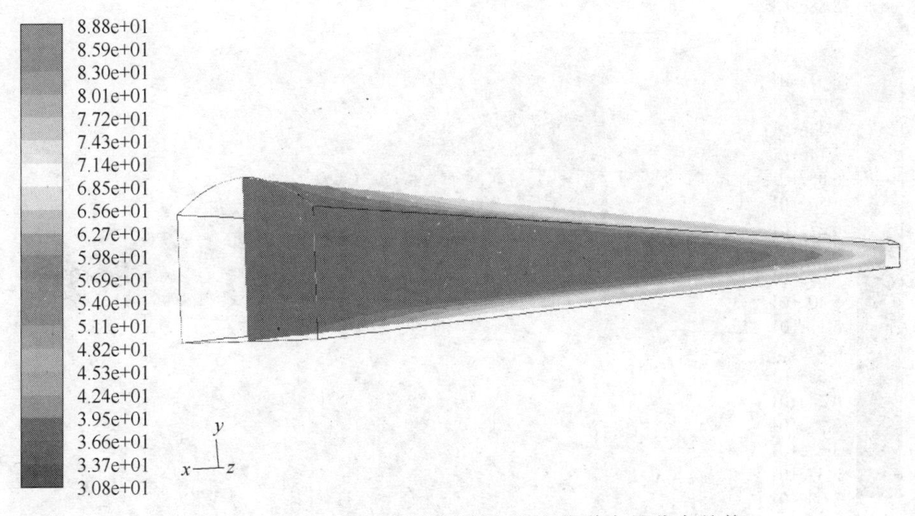

图 3－11　$x=1.25$m 风流湿度在整个巷道中的分布趋势

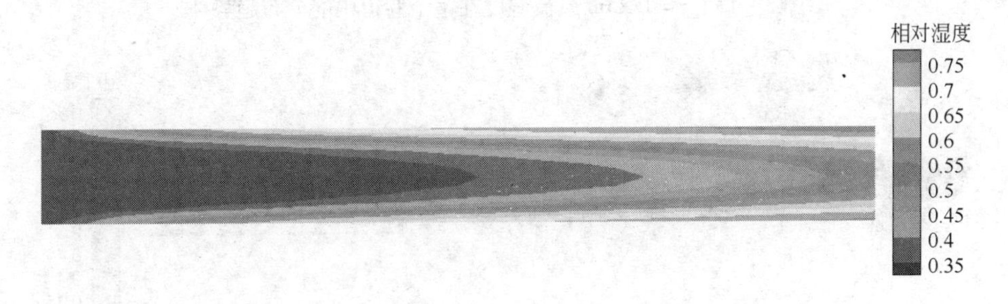

a

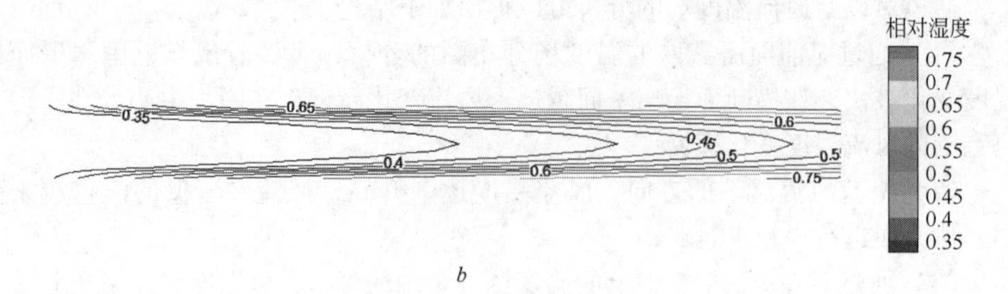

b

图 3－12 $x=1.25\text{m}$ 断面风流湿度云图和等值线图

a—风流湿度云图；*b*—风流湿度等值线图

B *y* 轴方向

从图 3－13 和图 3－14 可以看出，所选择模拟区域中风流的湿度变化范围为 30.8%～88.8%。在靠近左右围岩壁面处，离壁面越近，风流的湿度变化越大，离入风口处越远，湿度变化越明显。

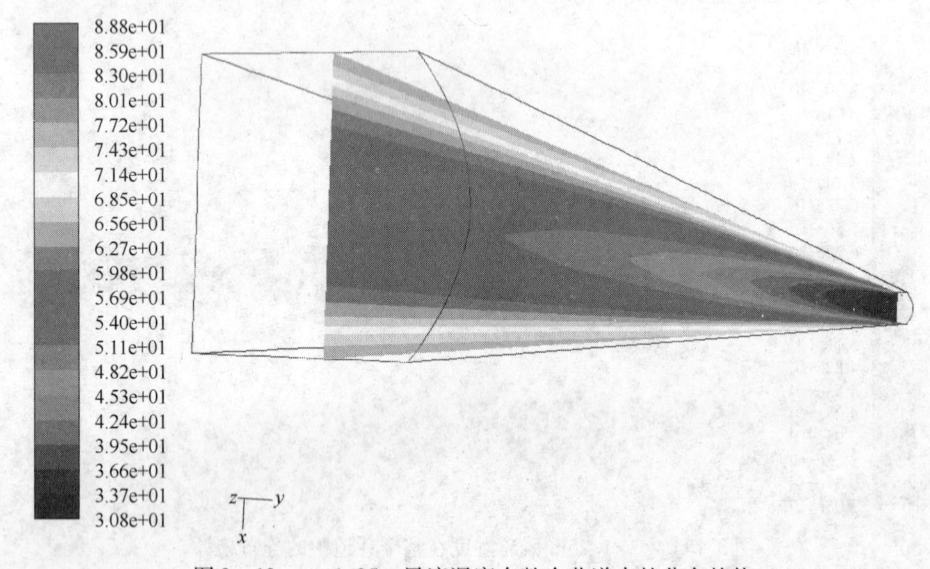

图 3－13 $y=1.25\text{m}$ 风流湿度在整个巷道中的分布趋势

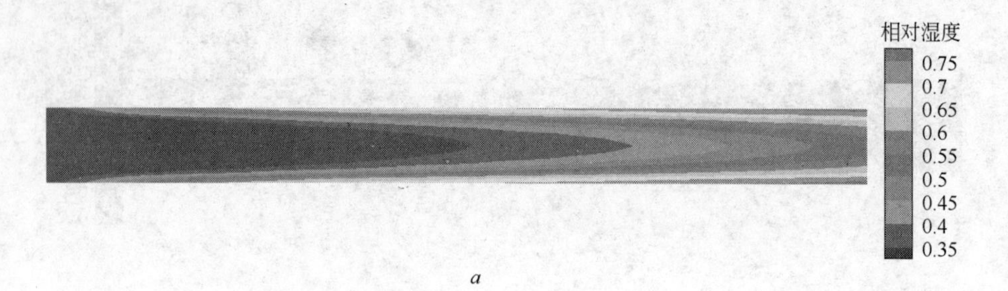

a

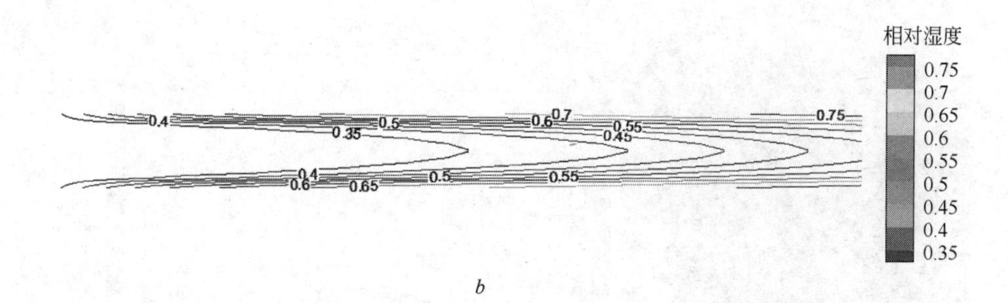

b

图 3-14 $y=1.25$m 断面风流湿度云图和等值线图

a—风流湿度云图；*b*—风流湿度等值线图

C *z* 轴方向

从图 3-15 和图 3-16 可以看出：随风流湿度的升高，风流和岩壁的湿差越来越小，湿交换进行得越来越弱；巷道左下角和右下角处湿度较高，这是因为在巷道左下角和右下角处空间狭窄，不利于风流流动，影响了通风除湿效果。

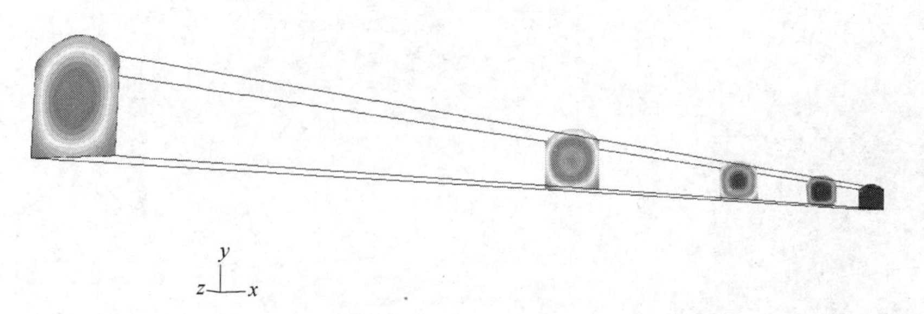

图 3-15 $z=0$m、25m、50m、75m、100m 风流湿度在整个巷道中的分布趋势

通过对以上风流湿度场的分析可以得出如下结论：

（1）通过对前面所截取的湿度场分布图的分析，可以看出靠近壁面处湿度变化最快，在断面上离壁面越远，风流变化越慢，在断面中心处在一定距离范围内风流湿度变化缓慢；

（2）沿着风流流动的方向，随着风流湿度的升高，风流和岩壁的湿差越来越小，湿交换进行得越来越弱；

（3）通过对在 *z* 轴横断面上的湿度场分布图的分析，可以看出左下角和右下角处风流湿度比其他部位高，这是因为在左下角和右下角处是死角空间狭窄，影响了风流速度，致使除湿效果不理想。

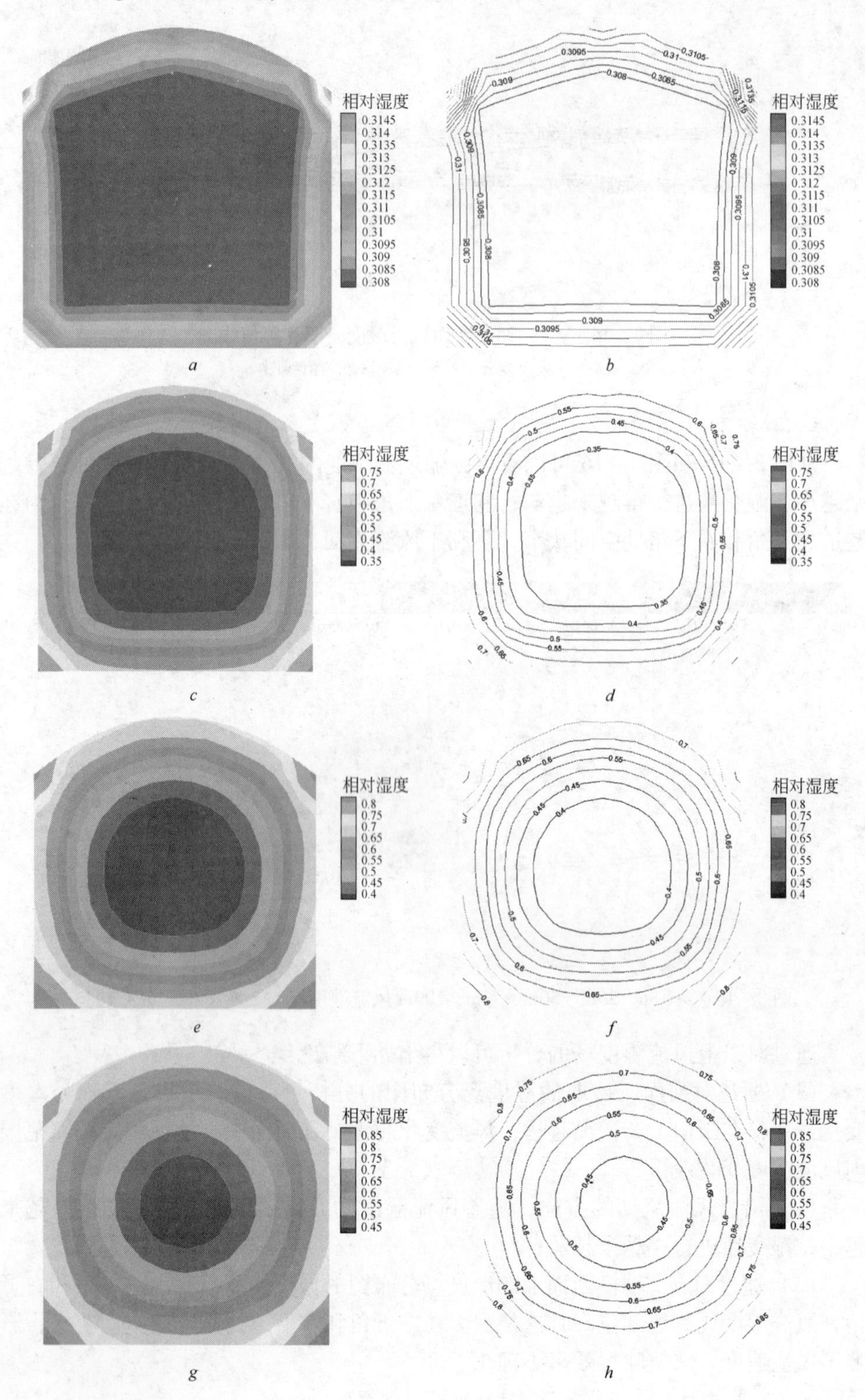
相对湿度
0.3145
0.314
0.3135
0.313
0.3125
0.312
0.3115
0.311
0.3105
0.31
0.3095
0.309
0.3085
0.308
a
b
c
d
e
f
g
h

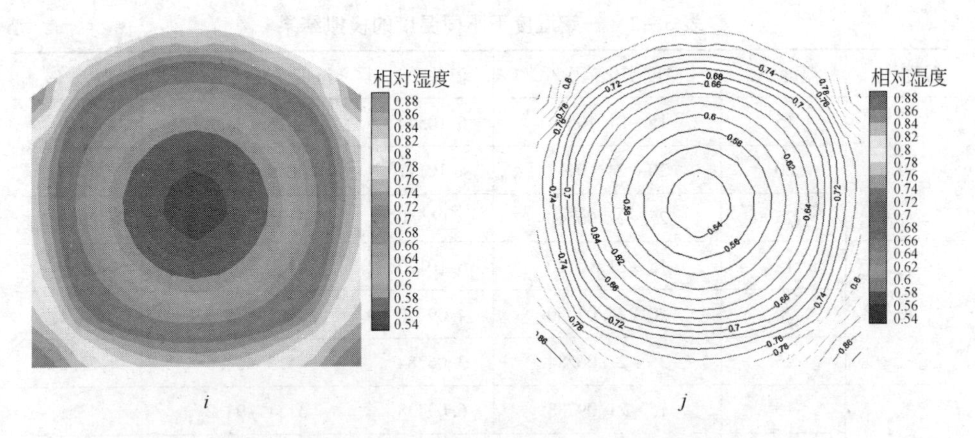

图 3－16　z＝0m、25m、50m、75m、100m 横断面风流湿度云图和等值线图

a—z＝0m 风流湿度云图；b—z＝0m 风流湿度等值线图；

c—z＝25m 风流湿度云图；d—z＝25m 风流湿度等值线图；

e—z＝50m 风流湿度云图；f—z＝50m 风流湿度等值线图；

g—z＝75m 风流湿度云图；h—z＝75m 风流湿度等值线图；

i—z＝100m 风流湿度云图；j—z＝100m 风流湿度等值线图

3.2.4.3　模拟结果

为了使模拟结果更具有对比性，共对九个不同的工况进行了模拟。为了简洁起见，只详细列出了风流在温度 15℃、湿度 30% 情况下的模拟过程。模拟结果分别见表 3－1 和表 3－2。

表 3－1　一定温度下不同湿度的模拟结果

温度/℃	湿度/%	温度变化范围/℃	温差/℃	湿度变化范围/%	湿差/%
	30	15～21.10544	6.10544	30.8～88.8	58.0
15	40	15～21.10120	6.10120	41.0～91.5	50.5
	50	15～21.09738	6.09738	51.1～94.2	43.1
	30	20～24.10117	4.10117	30.9～72.5	41.6
20	40	20～24.09750	4.09750	41.1～75.5	34.4
	50	20～24.09372	4.09372	51.3～78.4	27.1
	30	25～27.06540	2.06540	31.1～60.3	29.2
25	40	25～27.06284	2.06284	41.3～63.5	22.2
	50	25～27.06039	2.06039	51.5～66.7	15.2

分析表 3－1 可得出以下结论：

（1）当进风湿度为 30%、温度为 15℃时，巷道中风流温度的变化范围为 15～21.10544℃，最高温度和最低温度相差 6.10544℃；当温度为 20℃时，巷道中风流

表 3-2 一定湿度下不同温度的模拟结果

湿度/%	温度/℃	温度变化范围/℃	温差/℃	湿度变化范围/%	湿差/%
30	15	15~21.10544	6.10544	30.8~88.8	58.0
	20	20~24.10117	4.10117	30.9~72.5	41.6
	25	25~27.06540	2.06540	31.1~60.3	29.2
40	15	15~21.10120	6.10120	41.0~91.5	50.5
	20	20~24.09750	4.09750	41.1~75.5	34.4
	25	25~27.06284	2.06284	41.3~63.5	22.2
50	15	15~21.09738	6.09738	51.1~94.2	43.1
	20	20~24.09372	4.09372	51.3~78.4	27.1
	25	25~27.06039	2.06039	51.5~66.7	15.2

温度的变化范围为20~24.10117℃，最高温度和最低温度相差4.10117℃；当温度为25℃时，巷道中风流温度的变化范围为25~27.06540℃，最高温度和最低温度相差2.06540℃。这说明在其他情况不变、湿度一定的条件下，风流温度和围岩温度差别越大，热交换进行得越强烈，降温效果越好。当湿度为40%、50%时，也能得出同样的结论。

（2）当进风温度为15℃、湿度为30%时，巷道中风流温度的变化范围为15~21.10544℃，最高温度和最低温度相差6.10544℃；当湿度为40%时，巷道中风流温度的变化范围为15~21.10120℃，最高温度和最低温度相差6.10120℃；当湿度为50%时，巷道中风流温度的变化范围为15~21.09738℃，最高温度和最低温度相差6.09738℃。这说明在其他情况不变、温度一定的条件下，风流湿度和围岩湿度差别越大，热交换进行得越强烈，降温效果越好。同理，当温度为20℃、25℃时，也能得出同样的结论。

由此可见，湿度的变化对热交换的影响比较小。

分析表3-2可得出以下结论：

（1）当进风温度为15℃、湿度为30%时，巷道中风流湿度的变化范围为30.8%~88.8%，最高湿度和最低湿度相差58.0%；当湿度为40%时，巷道中风流湿度的变化范围为41.0%~91.5%，最高湿度和最低湿度相差50.5%；当湿度为50%时，巷道中风流湿度的变化范围为51.1%~94.2%，最高湿度和最低湿度相差43.1%。这说明在其他条件不变、温度一定的情况下，风流湿度越低和围岩湿度差别越大，湿交换进行得越强烈，除湿效果越好。同理，当温度为20℃、25℃时，也能得出同样的结论。

（2）当湿度为30%、温度为15℃时，巷道中风流湿度的变化范围为30.8%~

88.8%，最高湿度和最低湿度相差58.0%；当温度为20℃时，巷道中风流湿度的变化范围为30.9%~72.5%，最高湿度和最低湿度相差41.6%；当温度为25℃时，巷道中风流湿度的变化范围为31.1%~60.3%，最高湿度和最低湿度相差29.2%。这说明在其他条件不变、湿度一定的条件下，风流温度越低和围岩温度差别越大，湿交换进行得越强烈，除湿效果越好。当湿度为40%、50%时，也能得出同样的结论。

由此可见，温度的变化对湿交换的影响比较大。

3.3 井筒风流湿热交换的数值模拟

3.3.1 模型的假设

为了使计算简便，对模型做了简化处理，在进行模拟分析时做出以下假设：

（1）风流为不可压缩流体，不考虑由流体黏性力做功引起的耗散热；

（2）重力对风流的影响忽略不计，即风流各参数在竖直方向上均匀分布；

（3）风流流动为充分发展的稳态湍流，满足Boussinesq假设；

（4）不考虑围岩壁面间的辐射换热；

（5）井筒围岩均质且各向同性，在各个方向的传热是均匀进行的；

（6）围岩传递的热量全部传给风流；

（7）垂直的地温梯度引起井筒围岩原始岩温的变化，不考虑地面温度对井筒风温的影响。

3.3.2 模型的建立

为了计算方便，对井筒模型进行了简化处理。井筒简化为圆柱体，圆面直径为2.5m，柱长为100m（图3-17），风速为1.5m/s。

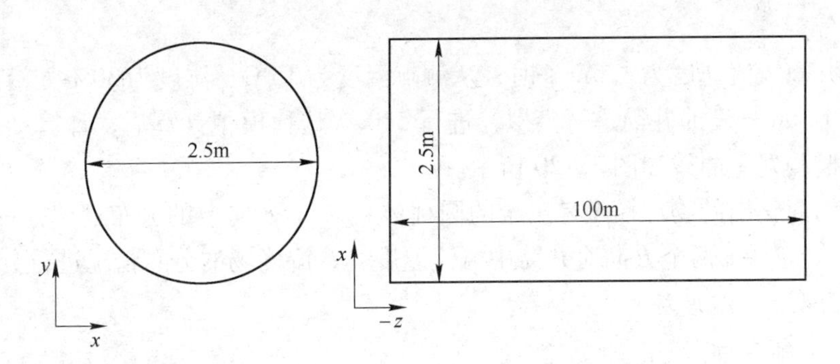

图3-17 井筒模拟区域几何尺寸

井筒模拟区域（图3-18）网格划分主要以六面体作为基本控制形状，在适当位置包含楔形，共划分网格240000个，如图3-19所示。

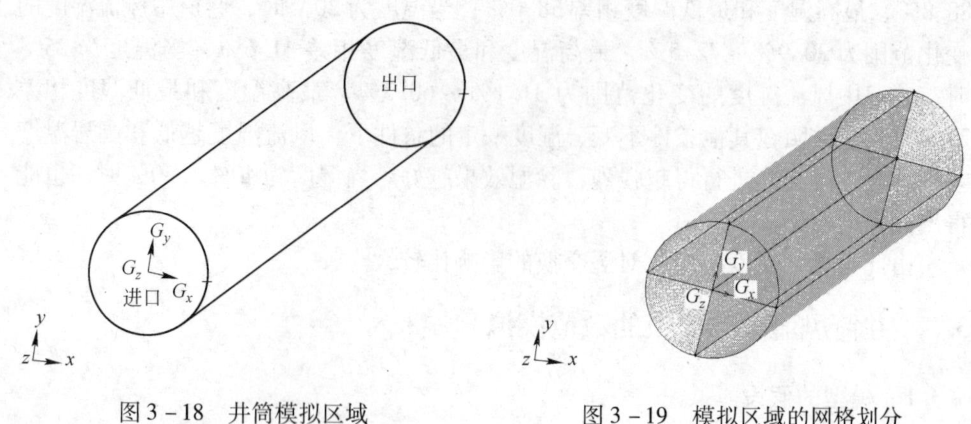

图 3－18　井筒模拟区域　　　　图 3－19　模拟区域的网格划分

3.3.3　边界条件及计算参数的设置

（1）入口边界条件：速度入口，风速为 1.5m/s，根据风流初始参数及相关经验公式计算风流湍流参数，主要包括湍动能 k 和湍动耗散率 ε；

（2）出口边界条件：出口边界条件设为自由出口；

（3）巷道壁面边界：壁面边界设为无滑移的，用 UDF 在围岩壁面加载地温梯度函数，壁面湿度系数取 0.6，岩石质量热容为 0.93kJ/(kg · K)，岩石密度为 2674.5kg/m^3，围岩壁厚设为 2m，岩石的导热系数经测量计算为 2.288W/(m · K)，岩石的导温系数（热扩散率）为 0.9395m^2/s，对流传热系数经过计算为 8.0081W/(m^2 · K)。

3.3.4　模拟结果分析

从测点温度 15℃、湿度 30% 处截取 100m 的井筒进行模拟计算，并对模拟结果对比分析。

当井筒风流速度为 1.5m/s 时，从测点温度为 15℃、湿度为 30% 处沿风流方向截取 100m 长度的井筒进行模拟，进行 540 次迭代模拟计算后，计算结果基本收敛，监测残差曲线如图 3－20 所示。

因为简化出的物理模型是三维的圆柱体，x、y 方向上的分布规律是一样的，所以应从 x、$-z$ 两个方向对井筒中风流温度场、湿度场的分布情况进行分析。

3.3.4.1　温度场

A　x 轴方向

从图 3－21 和图 3－22 可以看出，所选模拟区域中井筒风流的温度变化范围为 15～19.6℃。在临近围岩壁面处，离壁面越近，风流的温度变化越大，离入风口处越远，温度变化越明显。

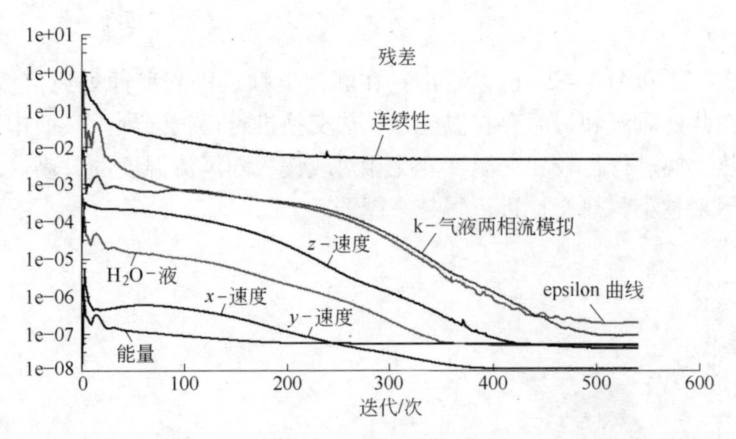

图 3－20 残差监视图

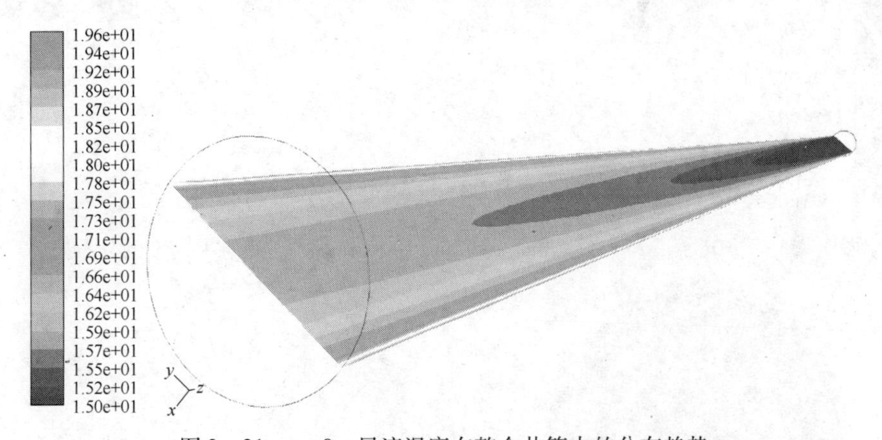

图 3－21 $x=0$m 风流温度在整个井筒中的分布趋势

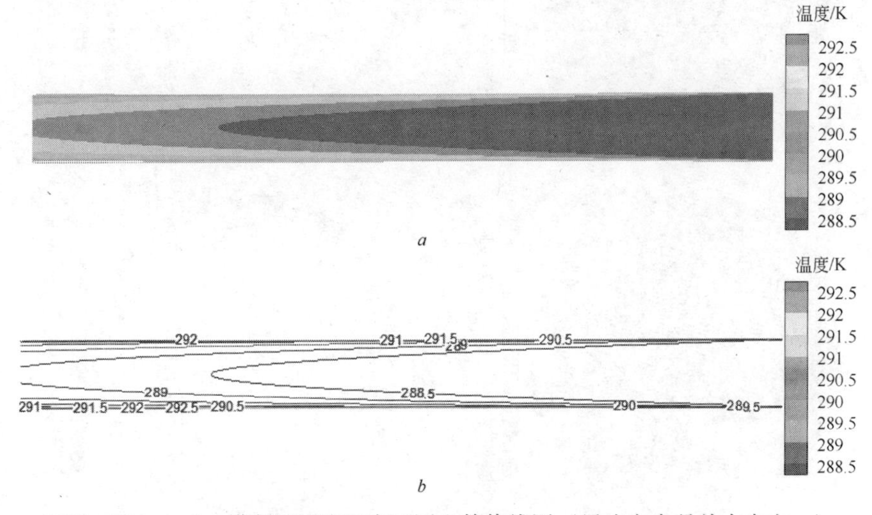

图 3－22 $x=0$m 横断面风流温度云图和等值线图（风流方向是从右向左←）

a—风流温度云图；*b*—风流温度等值线图

B z 轴负方向

从图 3－23 和图 3－24 可以看出：在断面上贴近围岩壁面处风流温度较高，这是因为在此处风温和岩温存在温度差，热交换进行得较强烈。截面中心处离岩面较远，热交换进行得较弱，温度变化相对较慢；随风流温度的升高，风流和岩壁的温差越来越小，热交换进行得越来越弱。

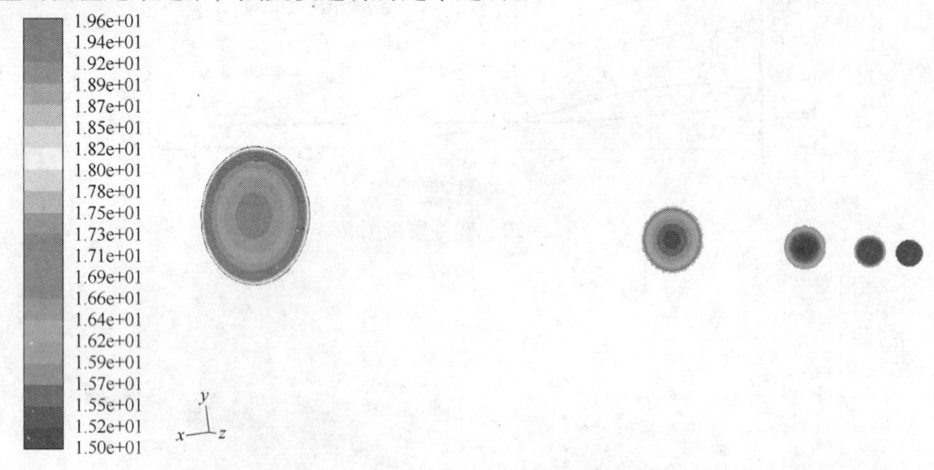

图 3－23 $z=0$m、-25m、-50m、-75m、-100m 风流温度在井筒上的分布趋势

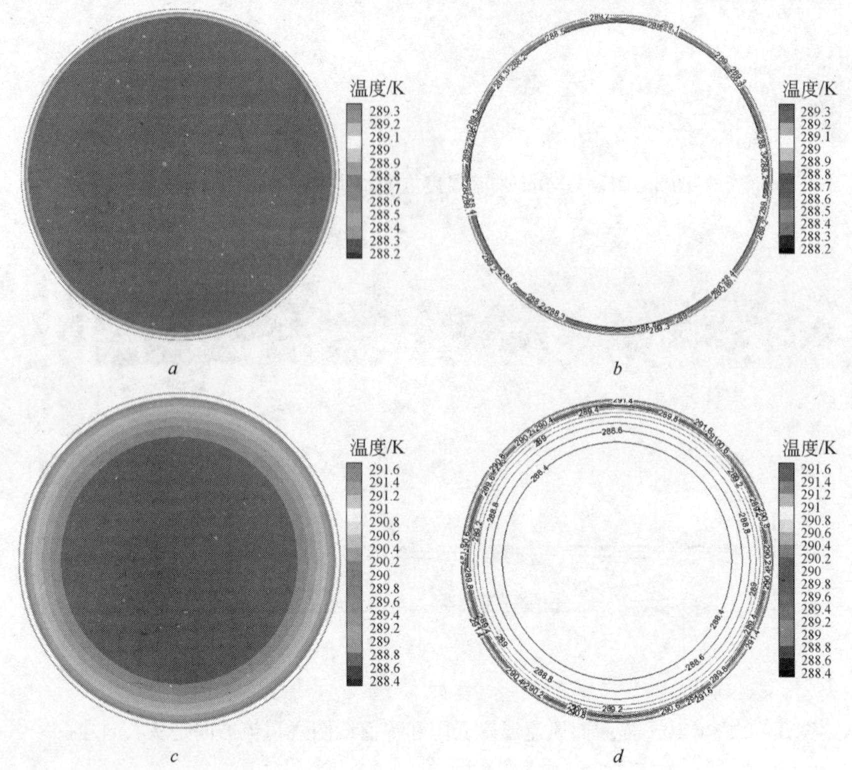

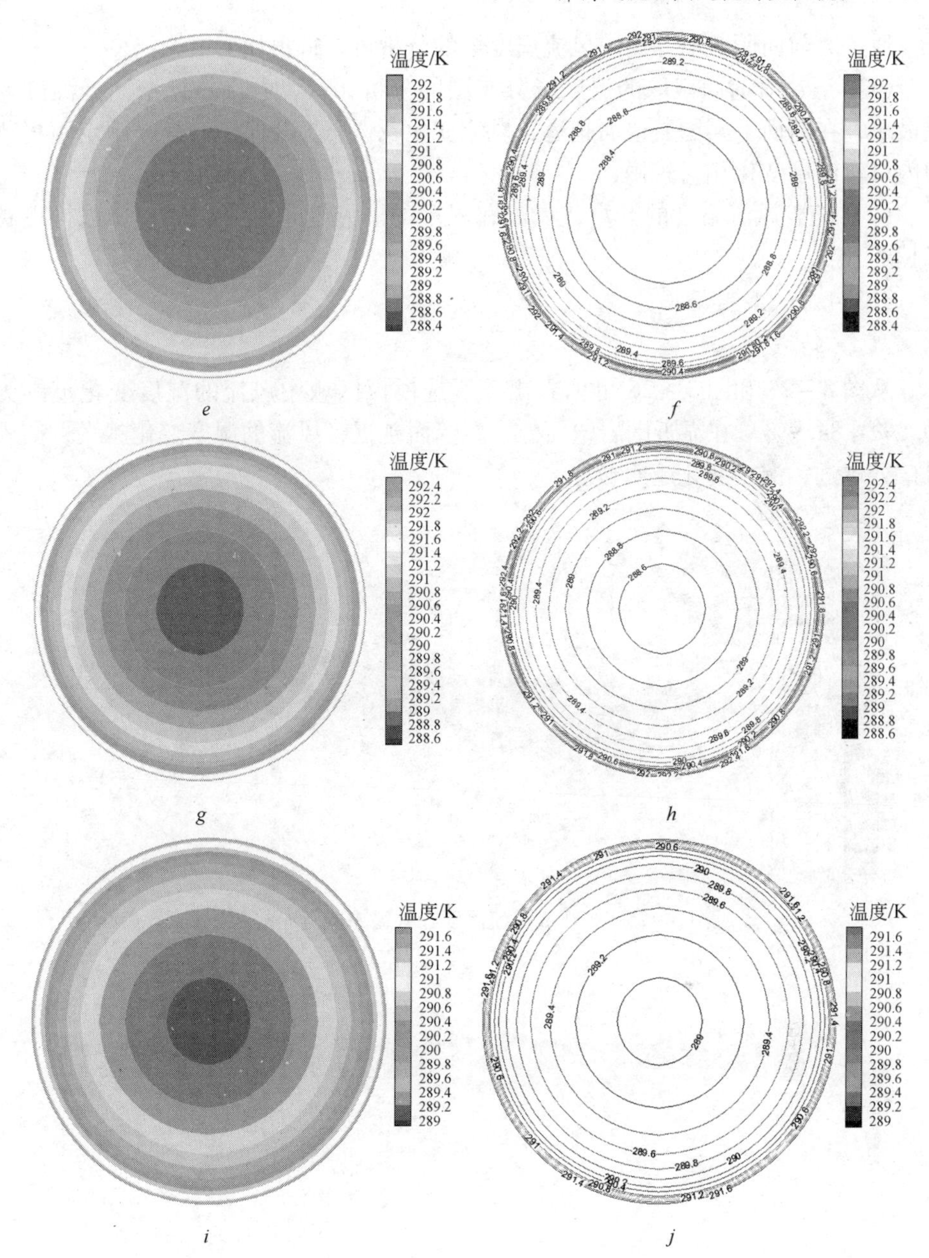

图 3－24　$z=0$m、-25m、-50m、-75m、-100m 处的横断面风流温度云图和等值线图

a—$z=0$m 风流温度云图；*b*—$z=0$m 风流温度等值线图；

c—$z=-25$m 风流温度云图；*d*—$z=-25$m 风流温度等值线图；

e—$z=-50$m 风流温度云图；*f*—$z=-50$m 风流温度等值线图；

g—$z=-75$m 风流温度图；*h*—$z=-75$m 风流温度等值线图；

i—$z=-100$m 风流温度云图；*j*—$z=-100$m 风流温度等值线图

通过对前面所截取井筒中风流温度场的分析可以得出如下结论：

（1）通过对前面截取的温度场分布图的分析，可以看出靠近壁面处温度变化最快，在断面上离围岩壁面越远，风流变化越慢，在井筒中心处在一定距离范围内风流温度变化相对较慢；

（2）随着风流温度的升高，风流和岩壁的温差越来越小，热交换进行得越来越弱。

3.3.4.2 湿度场

A x 轴方向

从图 3－25 和图 3－26 可以看出，所选模拟区域中风流的湿度变化范围为 30.8%～84.9%。在靠近围岩壁面处，离壁面越近，风流的湿度变化越大，离入风口处越远，湿度变化越明显。

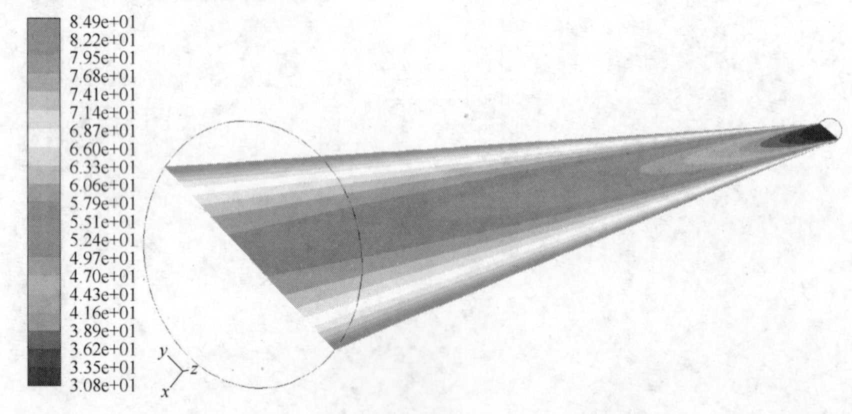

图 3－25 $x=0$m 风流湿度在井筒中的分布趋势

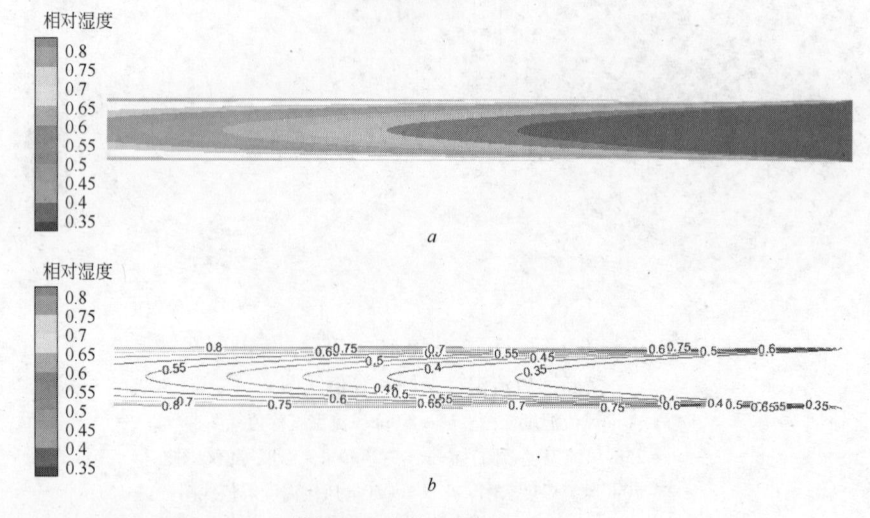

图 3－26 $x=0$m 横断面湿度等值线图（风流方向是从右向左←）

a—湿度云图；b—湿度等值线图

B *z* 轴负方向

从图 3－27 和图 3－28 可以看出：在横断面上贴近围岩壁面处风流湿度较高，这是因为在此处风流和岩壁存在湿度差较大，湿交换进行得较强烈，剖面中心处离围岩壁面较远，湿交换进行得较弱，湿度变化缓慢；随风流湿度的升高，风流和岩壁的湿差越来越小，湿交换进行得越来越弱。

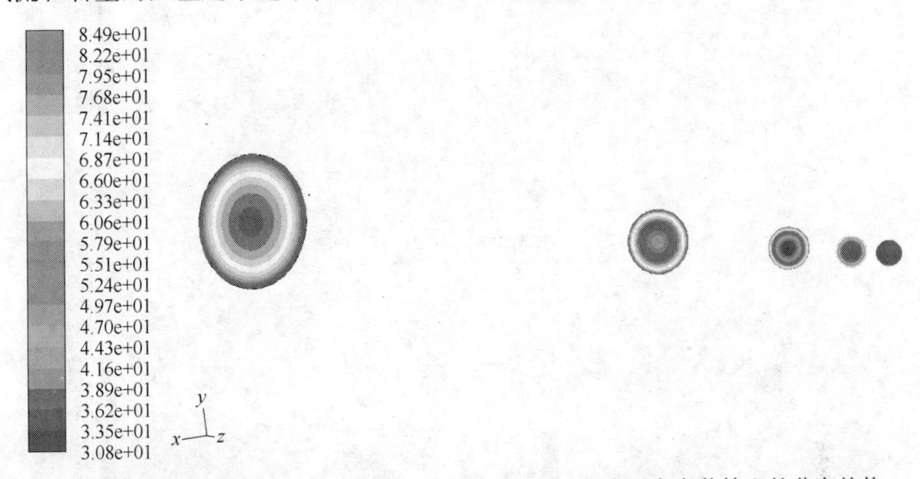

图 3－27 $z=0$m、－25m、－50m、－75m、－100m 风流湿度在井筒上的分布趋势

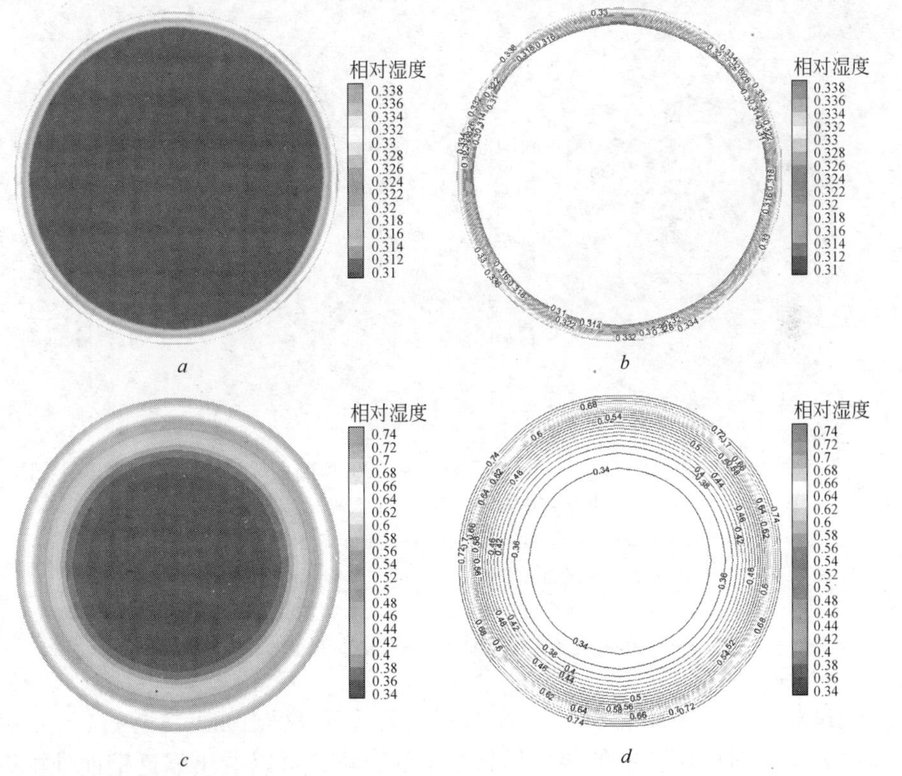

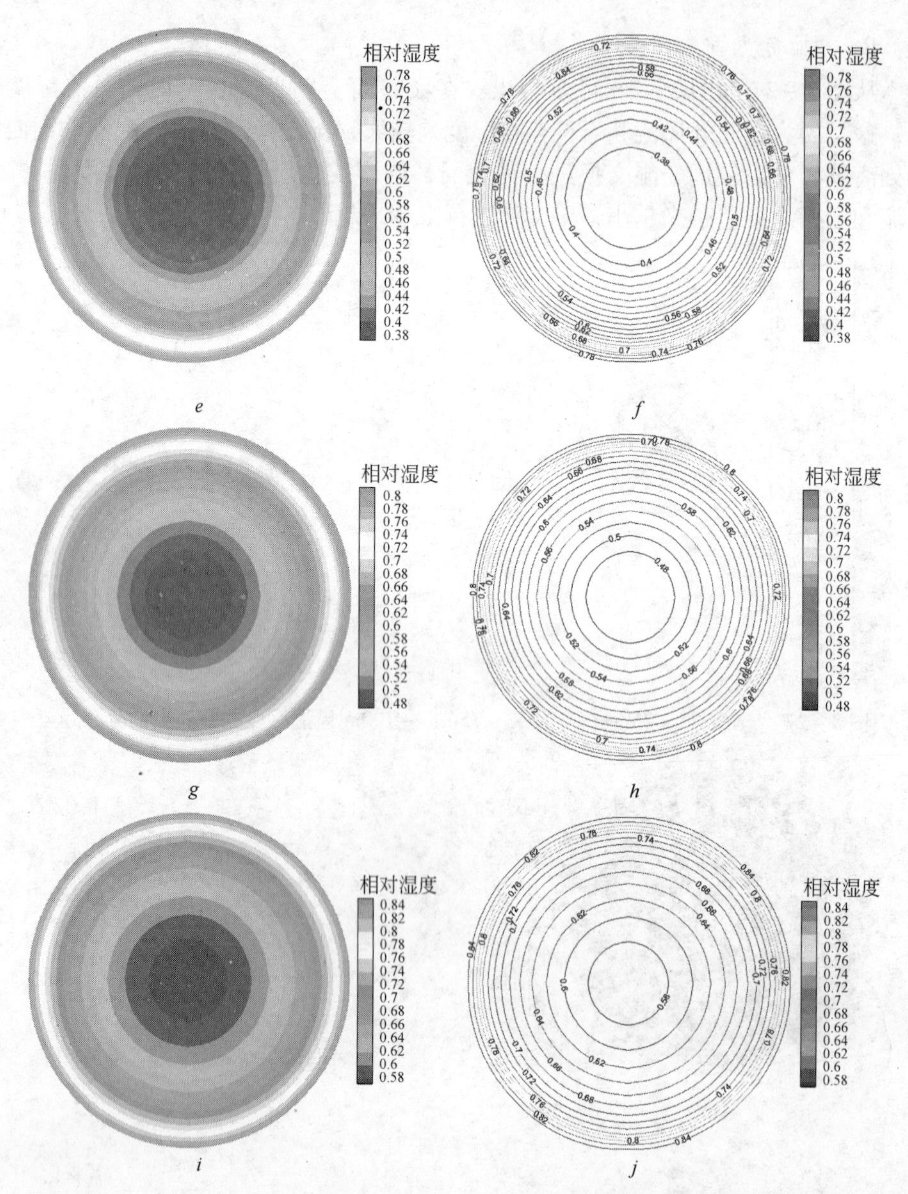

图3-28 z=0m、-25m、-50m、-75m、-100m横断面风流湿度云图和等值线图

a—z=0m风流湿度云图；b—z=0m风流湿度等值线图；

c—z=-25m风流湿度云图；d—z=-25m风流湿度等值线图；

e—z=-50m风流湿度云图；f—z=-50m风流湿度等值线图；

g—z=-75m风流湿度云图；h—z=-75m风流湿度等值线图；

i—z=-100m风流湿度云图；j—z=-100m风流湿度等值线图

通过对前面所截取井筒中风流湿度场的分析可以得出如下结论：

(1) 通过对前面截取的湿度场分布图的分析，可以看出靠近壁面处湿度变化最快，在横断面上离壁面越远，风流变化越慢，在断面中心处在一定距离范围内风流湿度变化缓慢；

（2）随着风流湿度的升高，风流和岩壁的湿差越来越小，湿交换进行得越来越弱。

3.3.4.3 模拟结果

为了使模拟结果更具有对比性，共对九个不同的工况进行了模拟。为了简洁起见，只详细列出了风流在温度15℃、湿度30%情况下的模拟过程。模拟结果如表3－3和表3－4所示。

表3－3 一定温度下不同湿度的模拟结果

温度/℃	湿度/%	温度变化范围/℃	温差/℃	湿度变化范围/%	湿差/%
15	30	15～19.63019	4.63019	30.8～84.9	54.1
	40	15～19.62589	4.62589	41.0～88.5	47.5
	50	15～19.62170	4.62170	51.1～92.2	41.1
20	30	20～23.24142	3.24142	30.9～68.7	37.8
	40	20～23.23740	3.23740	41.1～72.5	31.4
	50	20～23.23349	3.23349	51.3～76.3	25.0
25	30	25～26.82657	1.82657	31.1～56.7	25.6
	40	25～26.82355	1.82355	41.3～60.8	19.5
	50	25～26.82083	1.82083	51.5～64.9	13.4

表3－4 一定湿度下不同温度的模拟结果

湿度/%	温度/℃	温度变化范围/℃	温差/℃	湿度变化范围/%	湿差/%
30	15	15～19.63019	4.63019	30.8～84.9	54.1
	20	20～23.24142	3.24142	30.9～68.7	37.8
	25	25～26.82657	1.82657	31.1～56.7	25.6
40	15	15～19.62589	4.62589	41.0～88.5	47.5
	20	20～23.23740	3.23740	41.1～72.5	31.4
	25	25～26.82355	1.82355	41.3～60.8	19.5
50	15	15～19.62170	4.62170	51.1～92.2	41.1
	20	20～23.23349	3.23349	51.3～76.3	25.0
	25	25～26.82083	1.82083	51.5～64.9	13.4

分析表3－3可得出以下结论：

（1）当进风湿度为30%、温度为15℃时，井筒中风流温度的变化范围为15～19.63019℃，最高温度和最低温度相差4.63019℃；当温度为20℃时，井筒中风流温度的变化范围为20～23.24142℃，最高温度和最低温度相差3.24142℃；当温度为25℃时，井筒中风流温度的变化范围为25～26.82657℃，最高温度和最低温度相差1.82657℃。这说明在其他条件不变、湿度一定的条件下，风流温度和围岩温度差别越大，热交换进行得越强烈，降温效果越好。当进风湿度为40%、50%时，也能得出同样的结论。

（2）当进风温度为15℃、湿度为30%时，井筒中风流温度的变化范围为15～19.63019℃，最高温度和最低温度相差4.63019℃；当湿度为40%时，井筒中风流温度的变化范围为15～19.62589℃，最高温度和最低温度相差4.62589℃；当湿度为50%时，井筒中风流温度的变化范围为15～19.62170℃，最高温度和最低温度相差4.62170℃。这说明在其他条件不变、温度一定的情况下，风流湿度和围岩湿度差别越大，热交换进行得越强烈，降温效果越好。当进风温度为20℃、25℃时，也能得出同样的结论。

由此可以看出，湿度的变化对热交换的影响比较小。

分析表3－4可得出以下结论：

（1）当进风温度为15℃、湿度为30%时，井筒中风流湿度的变化范围为30.8%～84.9%，最高湿度和最低湿度相差54.1%；当湿度为40%时，井筒中风流湿度的变化范围为41.0%～88.5%，最高湿度和最低湿度相差47.5%；当湿度为50%时，井筒中风流湿度的变化范围为51.1%～92.2%，最高湿度和最低湿度相差41.1%。这说明在其他条件不变、温度一定的情况下，风流湿度越低和围岩湿度差越大，湿交换进行得越强烈，除湿效果越好。当进风温度为20℃、25℃时，也能得出同样的结论。

（2）当进风湿度为30%、温度为15℃时，井筒中风流湿度的变化范围为30.8%～84.9%，最高湿度和最低湿度相差54.1%；当温度为20℃时，井筒中风流湿度的变化范围为30.9%～68.7%，最高湿度和最低湿度相差37.8%；当温度为25℃时，井筒中风流湿度的变化范围为31.1%～56.7%，最高湿度和最低湿度相差25.6%。这说明在其他条件不变、湿度一定的条件下，风流温度越低和围岩温度差别越大，湿交换进行得越强烈，除湿效果越好。当进风湿度为40%、50%时，也能得出同样的结论。

由此可以看出，温度的变化对湿交换的影响比较大。

3.4 角联通风网络数值模拟

矿井通风系统中通风分支的连接形式有串联、并联和复杂联三种。通风在串联和并联分支中风量大小可以变化，但风流方向是固定不变的；而在复杂联中角联分支具有流向不稳定的特性，其风量的大小和风流方向随其两端连接分支的风阻和风量变化而变化，在通风管理中难以控制，因此加强对角联网路的研究是十分有必要的。

图 3-29 为角联网路的示意图。设定巷道 AC、CB、AD、CD、DB 的风阻分别为 R_1、R_2、R_3、R_4、R_5，对应的风量分别为 Q_1、Q_2、Q_3、Q_4、Q_5，通过角联网路的总风量为 Q。

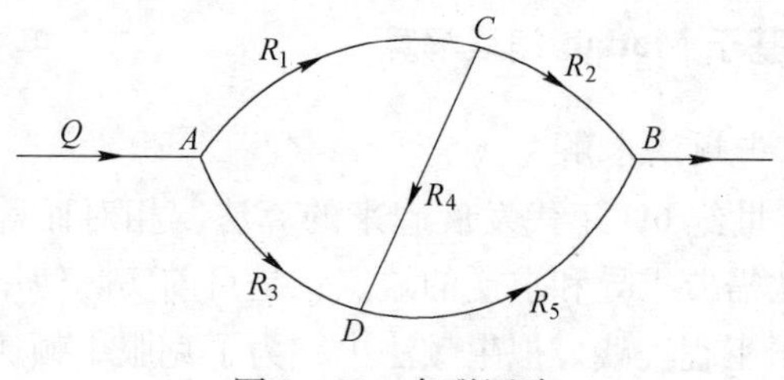

图 3-29 角联网路

通过网络解算后，我们需要知道各段巷道的风流方向及其大小以及总风阻等，对于角联网路，由于它的复杂性，其总风阻不能用求串、并联网路总风阻的公式直接计算。

若无中间的角联分支 CD，则为并联通风网络，按风压平衡定律，有以下方程成立:

$$H_{AC} + H_{CB} = H_{AD} + H_{DB} \tag{3-13}$$

按照通风阻力定律，可得:

$$R_1 Q_1^2 + R_2 Q_2^2 = R_3 Q_3^2 + R_5 Q_5^2 \tag{3-14}$$

由风量平衡定律，有下面三式成立:

$$Q = Q_1 + Q_3 \tag{3-15}$$

$$Q_1 = Q_2 \tag{3-16}$$

$$Q_3 = Q_5 \tag{3-17}$$

由式（3-14）~式（3-17）可得:

$$(R_1 + R_2) Q_1^2 = (R_3 + R_5) Q_3^2 \tag{3-18}$$

$$Q_1 + Q_3 = Q \tag{3-19}$$

因 R_1、R_2、R_3、R_4、R_5 已知，再任意给定风量 Q，根据式（3-18）、式(3-19)很容易求出 Q_1、Q_3，然后可求得总风压。再利用总风量 Q、总风压 H_{AB} 与总风阻 R 之间的关系，求得总风阻 R。

在增加联络巷 CD 后，便形成角联风路，此时风量的解算变得复杂起来，根据文献［40］，设 $Q_1 = x$，$Q_4 = y$，可以得到以下方程:

$$R_1 x^2 + R_2 (x - y)^2 = R_3 (Q - x)^2 + R_5 (Q - x + y)^2 \tag{3-20}$$

$$R_1 x^2 + R_4 y^2 = (Q - x)^2 \tag{3-21}$$

对于这个方程组的求解，直接求解十分困难，必须借助于计算机编程运算才能求出近似根，在文献［40］中，作者采用消去 y、建立 x 的方程，然后用牛顿迭代法求解，虽然得到了比较精确的解，迭代速度也较快，但是其消元整理过程极其复杂，难以建立起准确的数学模型，本书采用拟牛顿法（Broyden 方法），借助 MATLAB 编程解算，得到了比较精确的解，同时省略了其中烦琐的方程整理过程[41]。

3.4.1 拟牛顿法及基于 Matlab 编程解算

3.4.1.1 用拟牛顿法求解

拟牛顿法是 20 世纪 60 年代发展起来的算法，相对而言是一种比较新的方法。它克服了牛顿法需要求导和求逆的缺点，是目前实际使用非常有效的一种方法，可以直接应用于工程实践。拟牛顿法中，为了克服牛顿迭代法中每迭代一次都要计算当前一步 Jacobi 矩形阵的逆矩阵，设法构造一个矩阵 H_k，逼近 $f'(X_k)$ 的逆矩阵，这样迭代公式就为

$$X_{k+1} = X_k - H_k f(X_k) \tag{3-22}$$

选取不同的 H_k 就得到各种类型的拟牛顿方法，Broyden 方法的基本迭代格式为：

$$\begin{cases} X_{k+1} = X_k - H_k f(X_k) \\ H_{k+1} = H_k + \dfrac{(\Delta X_k - H_k y_k)(\Delta X_k)^{\mathrm{T}} H_k}{(\Delta X_k)^{\mathrm{T}} H_k y_k} \end{cases} \tag{3-23}$$

式中 $\Delta X_k = X_{k+1} - X_k, y_k = f(X_{k+1}) - f(X_k)$

3.4.1.2 编程解算及结果分析

在 MATLAB 中编制一个 M 文件实现 broyden 算法：

```
function [x, n] =broyden (x0, tol)
if nargin =1
    tol =1e-5;
end
h0 =df2 (x0);
h0 =inv (h0);
x1 =x0 -h0 * f2(x0);
n =1;
wucha =0.1;
while (wucha >tol) & (n <30) & (n <500)
    wucha =norm (x1 -x0);
    dx =x1 -x0;
    y =f2 (x1) -f2 (x0);
    fenzi =dx' * h0 * y;
```

```
        h1 = h0 + (dx - h0 * y) * (dx)' * h0/fenzi;
        temp_ x0 = x0;
        x0 = x1;
        x1 = temp_ x0 - h1 * f2 (temp_ x0);
        h = h1;
        n = n + 1;
    end
    x = x1;
```

此 M 文件具有通用性，对不同情况下的角联通风网解算，只需要定义不同的方程组函数，既方便，精度又高。

对于本例中角联通风算例，先将式（3-20）、式（3-21）整理成：

$$R_2(x-y)^2 - R_4y^2 = R_5(Q-x+y)^2$$

$$R_1x^2 + R_4y^2 = R_3(Q-x)^2$$

设

```
f1 = r1 * x^2 + r4 * y^2 - r3 * (q - x)^2
f2 = r2 * (x - y)^2 - r4 * y^2 - r5 * (q - x + y)^2
```

则，方程组函数为：

```
F = [f1;f2]
```

Jacobi 矩阵为

```
f = [2 * r1 * x + 2 * r3 * (q - x)                2 * r4 * y
    2 * r2 * (x - y) + 2 * r5 * (q - x - y)    - 2 * r4 * y - 2 * r5 * (q - x + y)]
```

选取合适的 x、y 初值，运行拟牛顿法主函数

```
x0 = [xx  xx];
[x, n] = broyden (x0);
disp ('计算结果为')
x
disp ('迭代次数为')
n
```

可得到计算结果及迭代次数。对于非线性方程组，也可以直接用 fsolve 命令来求解，但其求解出来的结果不如拟牛顿法精确，对于较复杂方程组，可以将其作为 Broyden 方法中初值选取的依据，可以更快实现收敛[42]。

在本例中，给定角联网路风阻 R_1、R_2、R_3、R_4、R_5 的 5 组数值，且对每组风阻值分别给定 2 个总风量 Q。在每一总风量 Q 条件下，分别求出角联网路总风阻 R，通过巷道 AC 和 CD 的风量 Q_1 和 Q_4，同时以网孔 $A—C—B—D—A$ 的压差 C_1 来衡量结果的准确性，计算结果如表 3-5 所示。

表 3－5　角联通风网络解算结果

数据分组	$Q/m^3 \cdot s^{-1}$	$R/N \cdot s^2 \cdot m^{-8}$	$Q_1/m^3 \cdot s^{-1}$	$Q_4/m^3 \cdot s^{-1}$	C_1/Pa
$R_1=0.072$ $R_2=0.008$ $R_3=0.041$ $R_4=0.125$ $R_5=0.041$	5	0.0183	2.3102	-0.7103	-3.8123×10^{-5}
	25	0.0173	10.8999	-5.9999	-2.5×10^{-3}
$R_1=0.024$ $R_2=0.008$ $R_3=0.123$ $R_4=0.125$ $R_5=0.041$	5	0.0154	3.4681	0	2.5275×10^{-5}
	25	0.0154	17.3403	0	-9.2540×10^{-5}
$R_1=0.024$ $R_2=0.008$ $R_3=0.123$ $R_4=0.500$ $R_5=0.041$	5	0.0154	3.4681	0	2.5275×10^{-5}
	25	0.0154	17.3403	0	-9.2540×10^{-5}
$R_1=0.024$ $R_2=0.024$ $R_3=0.287$ $R_4=0.125$ $R_5=0.041$	5	0.0228	3.7975	0.7424	1.9544×10^{-5}
	25	0.0228	18.9875	3.7122	1.8247×10^{-4}
$R_1=0.024$ $R_2=0.024$ $R_3=0.287$ $R_4=0.500$ $R_5=0.041$	5	0.0235	3.7354	0.4982	4.0536×10^{-6}
	25	0.0235	18.6770	2.4910	1.0134×10^{-4}

为了更好地进行对比，了解角联分支对系统产生的影响，同时解算出无 *CD* 分支系统的情况，解算结果如表 3－6 所示。

表 3－6　无 *CD* 分支时网络解算结果

数据分组	$Q/m^3 \cdot s^{-1}$	$R/N \cdot s^2 \cdot m^{-8}$	$Q_1/m^3 \cdot s^{-1}$	$Q_3/m^3 \cdot s^{-1}$	C_1/Pa
$R_1=0.024$ $R_2=0.008$ $R_3=0.123$ $R_5=0.041$	5	0.0154	3.4681	1.5319	2.5275×10^{-5}
	25	0.0154	17.3403	7.6597	-9.2539×10^{-5}

续表3-6

数据分组	$Q/m^3 \cdot s^{-1}$	$R/N \cdot s^2 \cdot m^{-8}$	$Q_1/m^3 \cdot s^{-1}$	$Q_3/m^3 \cdot s^{-1}$	C_1/Pa
$R_1 = 0.024$ $R_2 = 0.024$	5	0.0251	3.6165	1.3835	-2.023×10^{-5}
$R_3 = 0.287$ $R_5 = 0.041$	25	0.0251	18.0826	6.9174	1.2163×10^{-4}

对表中的数据进行分析可以得出：

（1）对同一组的风阻值，当 Q 变化时，除了第一组计算出的风量误差稍大，风阻存在一定误差外，其余风阻都是不变的，可见角联风路的总风阻是巷道的固有属性，风量的改变不影响巷道的风阻。

（2）在表3-5中，第一组风阻$\frac{R_1}{R_2} > \frac{R_3}{R_5}$，则 $Q_4 < 0$，风流由 D 流向 C；第二、三组，$\frac{R_1}{R_2} = \frac{R_3}{R_5}$则 $Q_4 = 0$，无风流通过；第四、五组，$\frac{R_1}{R_2} < \frac{R_3}{R_5}$则 $Q_4 > 0$，风流由 C 流向 D。

这在理论上相符，同时说明在进行角联网路风量解算时，事先并不需要判定角联的流向，可以先任意假定一个方向，再根据解算调整。

（3）比较表3-5、表3-6，可以发现当角联巷道 CD 中没有风流通过时，可以当作其不存在，其风阻值的改变对系统的总风阻无影响，而当有风流流过时，角联分支的存在降低系统的总风阻，但系统的总风阻会随角联分支风阻的增大而增大。

3.4.2 FLUENT 数值模拟

基于 FLUENT 软件，模拟$\frac{R_1}{R_2} > \frac{R_3}{R_5}$的情况，因巷道风阻 $R = \frac{dPL}{S^3}$，摩擦阻力系数在较大巷道断面中主要是对边壁风流影响较大，风阻的大小主要还是受巷道断面面积，湿周长以及长度的影响[43]，因此在物理建模时主要考虑通过改变巷道断面面积与长度来体现风阻值的改变。

3.4.2.1 模型建立及网格划分

模型建立如图3-30所示。

AC 巷道长为30m，断面面积 $2 \times 3m^2$，CB 巷道长为10m，断面面积 $3 \times 3m^2$，AD、DB 长都为20m，断面面积分别为 $3 \times 3m^2$、$2 \times 3m^2$，CD 巷道面积为 $2 \times 3m^2$。

模型网格的划分如图3-31所示。

3.4.2.2 模拟过程

模拟以 A 端断面为风流入风口，边界条件为 $v = 2.8m/s$，方向为 x 轴正方向。

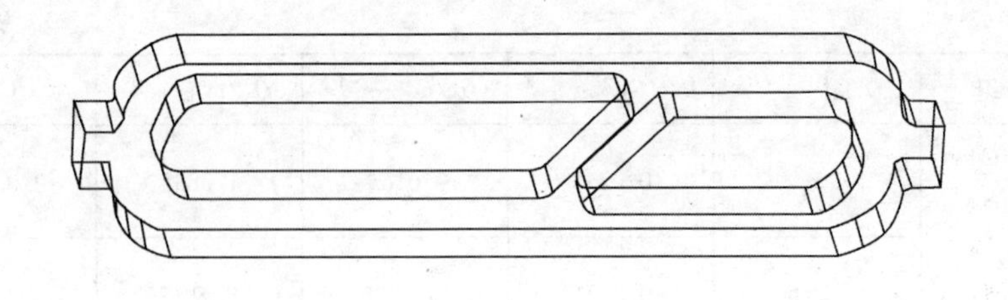

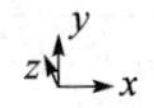

图 3-30 角联通风三维模型

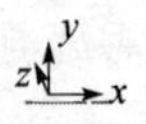

图 3-31 网格显示

出风口边界条件为质量出口边界，壁面边界条件为所有壁面施加无滑动边界条件，即 wall，求解方法应用有限差分法和交错网格离散控制微分方程。即用 SIMPLE 算法求解离散控制方程[44]。

经过大约 270 步迭代后，结果达到收敛，残差如图 3-32 所示。

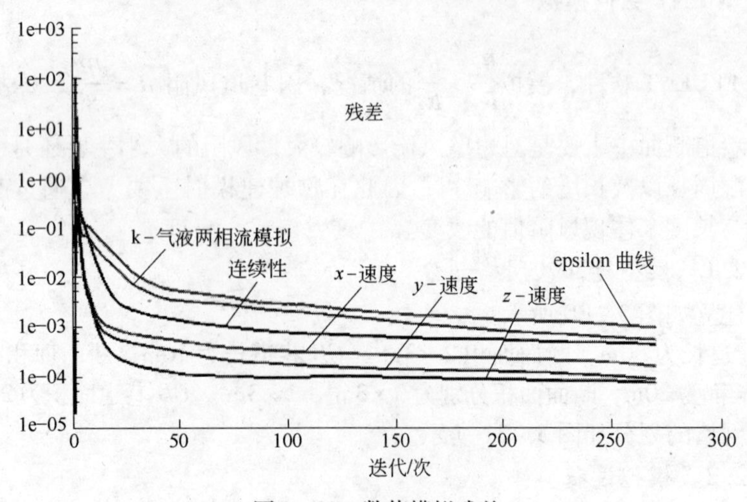

图 3-32 数值模拟残差

3.4.2.3 模拟结果分析

图3－33为计算所得的巷道内$Z=1.5\mathrm{m}$截面速度云图。可以看出，风流由入口断面进入后，分别流入两边巷道，并且AD巷道风速大于AC巷道风速，同时CD联络巷中也有风流通过，由图3－34的同一截面局部速度矢量放大图可以较明显看出其风流运动情况，在巷道风阻值比，例如，在第一组数据的情况下，巷道内风流还比较稳定，涡旋较少，CD巷道内风流对冲不是很明显，能形成稳定的由D到C的风流，风速为0.855～1.27m/s，与前期网络解算结果吻合，验证了建立模型和数值方法的可行性、正确性。

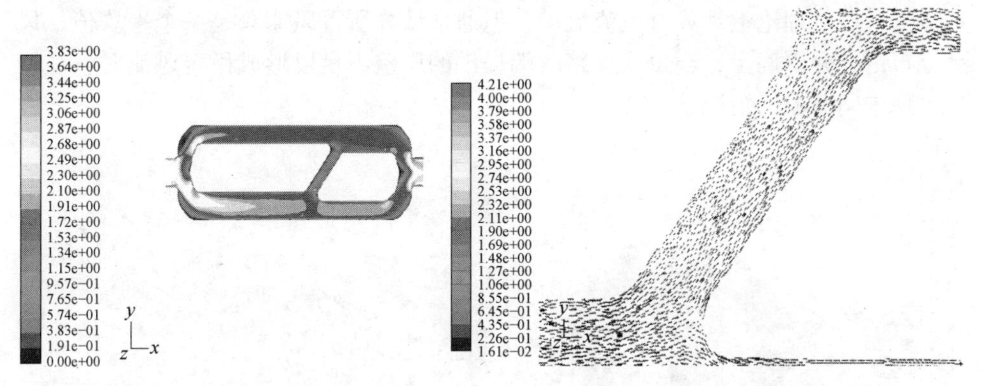

图3－33　$z=1.5\mathrm{m}$截面的速度云图　　　图3－34　$z=1.5\mathrm{m}$截面的速度矢量图

虽然从整体上来看巷道内能形成稳定的由D到C的风流，但由图3－35可以看出，在CD巷道断面内，风速并不均匀，风流分布比较复杂，左侧风流较小，风速为0.383～0.957m/s，右侧风流较大，风速为0.957～1.34m/s。因此实际工作中，即便可以确定角联支路里有风流通过，也应当注意巷道内是否存在通风死

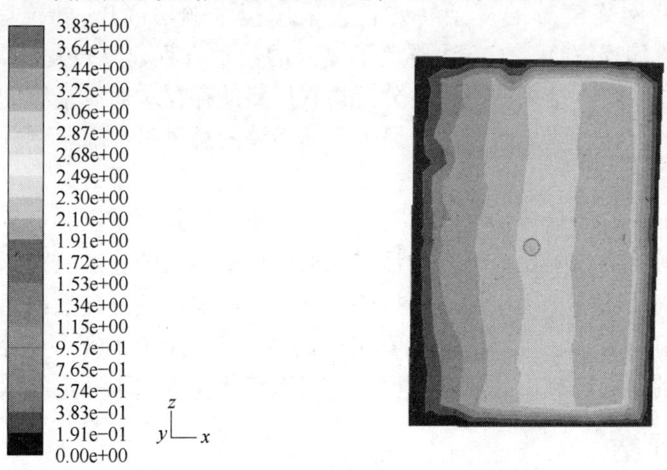

图3－35　CD巷道$y=0$截面的速度云图

角，以避免在那里安设工作面。另外，在矿山实际工作中还有一种情况是值得考虑的，那就是角联通风巷道的一侧分流中，对角巷道前的巷道风阻与对角巷道后的巷道风阻之比与另一侧分流相应巷道风阻之比相差值不大的情况[45]，即 R_1/R_2 略大于 R_3/R_5。因此建立另一模型模拟这种情况下的风流，其结构与前面模型一样，只是通过改变巷道的断面与长度来改变风阻，此模型中，*AC* 为 15m，*CB* 为 5m，*AD*、*DB* 都为 10m，各巷道面积相同，均为 $3\times3\text{m}^2$。

由图 3 – 36 可以看出角联支路两端有风流流动，但在巷道中间无风流，并且从图 3 – 37 中可看出在巷道端口出现明显的漩涡回流情况。因此在与 $\frac{R_1}{R_2}$ 与 $\frac{R_3}{R_5}$ 相差不多时，虽然理论上计算有风流流动，但通常计算所得风速只是一个平均值，风流分布情况并不确定，当角联支路两端提供的压差不足以形成稳定风流时，往往会出现中间断流的情况。

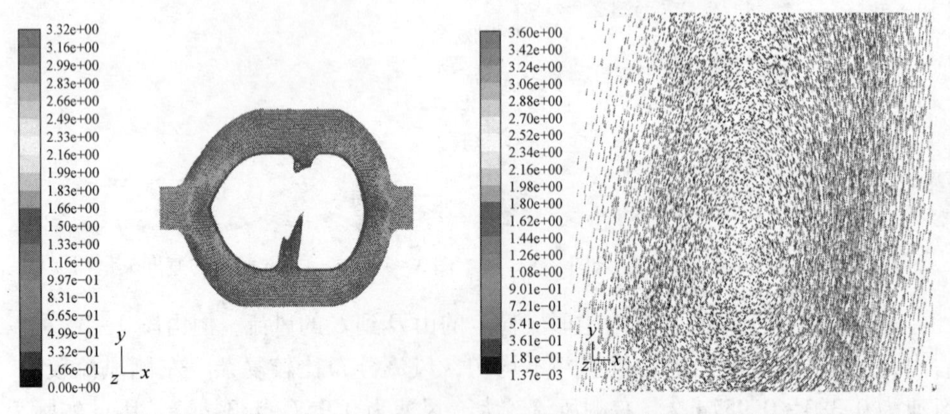

图 3 – 36 速度云图

图 3 – 37 角联支路一端速度矢量局部放大图

针对角联网络解算的复杂特殊性，采用拟牛顿法（Broyden 算法），利用 MATLAB 进行编程解算，该方法避免了复杂的数学方程建立过程，并且收敛快，精度高，通过对解算结果的对比，分析角联风路的存在对通风系统的影响，得出了角联分支的存在会降低系统的总风阻，但系统的总风阻会随角联分支风阻的增大而增大的结论。

通过用 FLUENT 流体仿真软件对角联巷道进行模拟，重点分析了角联分支巷道两端连接分支的风阻比值不等的情况，通过截取不同的巷道断面，分别得到速度云图以及矢量图等，同时简单模拟了角联分支两端连接分支的风阻比值相等的情况与前者进行对比，可以清楚地看出不同情况下巷道内风流的特性以及效果，为角联通风的研究、矿山通风管理以及通风系统优化提供了一定的依据。

3.5 本章小结

本章以流体动力学模型、湍流流动模型为基础，采用数值分析的思路与方法，应用 CFD 大型有限元模拟软件 fluent 建立了巷道、井筒中风流温度场与湿度场的数学、物理模型，对巷道、井筒中风流的温度场、湿度场进行了模拟，得到了巷道、井筒中风流的温度、湿度的分布、变化规律，为井下高温高湿环境的治理提供理论依据，节约了试验成本。采用拟牛顿法（Broyden 方法），基于 MATLAB 编程对地下矿山角联通风网络进行了编程解算，此种方法避免了复杂的数学方程建立过程，使解算过程在计算机上便可全部完成，并且收敛快，精度高。通过对解算结果的对比分析，可以了解角联分支对通风系统的影响，重点通过 FLUENT 软件，对角联通风网络进行了数值模拟，分别模拟了角联分支内有风流流过以及无风流流过的情况，通过选取不同的通风巷道截面，观察速度云图以及矢量图等，可以清楚地看出角联巷道内风流的特性以及效果，为角联巷道内风流特性的研究提供了一定的依据，最后指出了在矿山实际工作中，在处理角联通风网络时应注意的一些问题。

4　矿井通风系统参数评价研究

4.1　基于熵理论的耗散系统评价分析

通风系统是一个开放系统，用耗散结构理论对系统各参数进行探讨。通风系统与耗散系统之间的简单对应关系见图 4－1[46]。从图 4－1 可以看出，通风系统与耗散结构有相似之处。耗散系统通过控制三个内、外部的条件，可以形成新的耗散结构。它与原耗散结构相比，更加有序，系统的熵更低；同理，通风系统也可以通过对其系统内、外参量的控制，形成更加有序、熵值更低、更加安全的系统。

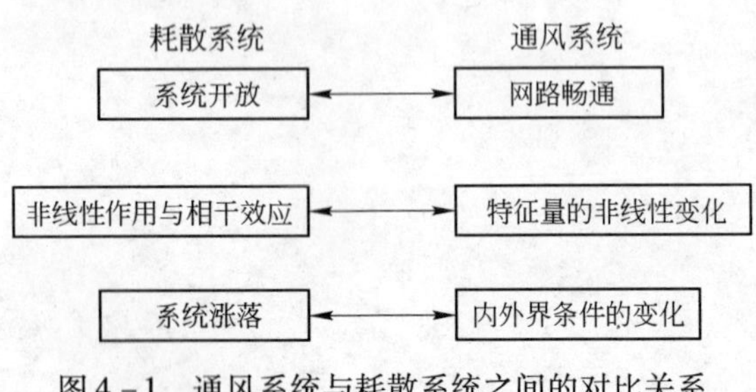

图 4－1　通风系统与耗散系统之间的对比关系

4.1.1　矿井通风系统耗散结构

Prigogine[47]将耗散结构定义为开放系统在远离平衡态与外界环境交换物质和能量的过程中，通过能量耗散过程和内部非线性动力学机制形成和维持的宏观时空有序结构。耗散结构一般具备以下 4 个条件：所研究的系统必须是开放的系统，通过与外界交换物质和能量，引入负熵流，才能从无序走向有序；该系统必须远离平衡态，这样才能形成新的稳定有序的结构；该系统的内部必须存在非线性的相互作用，才能产生相干效应和协同作用，产生突变和分叉，形成宏观有序结构；系统还必须有涨落的触发，推动系统发生突变，使系统从无序向有序演化。

耗散结构必须在外界参数控制下才能形成，系统受控程度可用某控制参量表征 λ，λ 的值可衡量系统的实际状态偏离热力学平衡的距离。系统的动力学方程为：

$$\frac{dx}{dt}=f(x,\lambda) \tag{4-1}$$

式中 x——系统状态参量；

λ——控制参量。

x 随 λ 的变化，将会出现如图 4-2 所示的分岔现象。图中 ρ_i 表示 dx/dt 的值，λ_c 为临界值，当 $\lambda<\lambda_c$ 时，曲线 a 上的每一点都处于平衡态，可以看作热力学平衡态的自然延伸，称热力学分支。当 $\lambda \geqslant \lambda_c$ 时，热力学分支 a 的延续 b 分支（虚线）变得不稳定，一个很小的扰动就可以导致系统离开热力学分支跳跃到某个稳定分支 c 或 d 上，c 或 d 分支上的每一点，对应某种有序状态，称为耗散结构分支。外界控制参量 λ 只有大于临界状态 λ_c 以后系统内的微小涨落才被放大，个别无规则的局部涨落，通过非线性的相互作用，相互耦合成为宏观的巨涨落，使系统突变到耗散结构分支，形成新的有序状态。

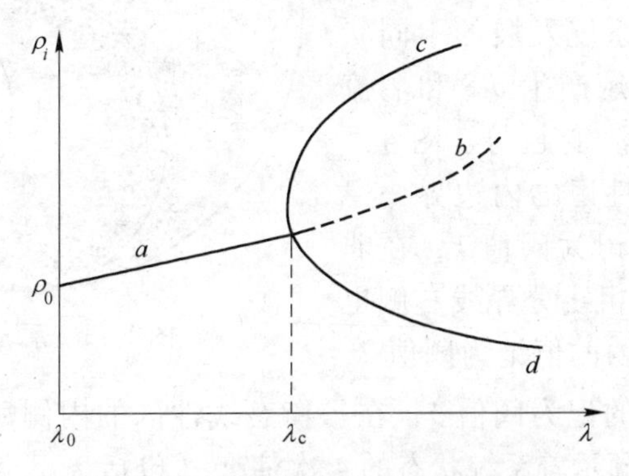

图 4-2 耗散结构状态的分岔现象

对通风系统而言，控制参量 λ 表征的具体的内容可以理解为通风系统中运转的风机动力或自然风压对通风系统的贡献；系统状态参量可以相应地理解为通风系统中各网络分支的风量、风阻等表征系统状态的参量集合。通风系统中的涨落主要源于系统内部的和来自外界环境的扰动。主要因素有巷道的变形和车辆、人行对系统的扰动等。总之，在通风系统内部的一切变化都会对系统有一定的影响，这些变化是引起系统内部涨落的根本原因。对通风系统而言，来自系统外部的涨落因素也比较多，因为通风系统是一个开放的体系，要同周围的环境进行物质、能量和信息的交换。

当通风系统被外界参量控制在远离平衡态时，系统在涨落的影响下形成耗散结构。它是一种稳定态，系统内部各子系统之间存在着协同的作用力，这种作用力越大，越有利于形成高度稳定有序的结构。根据耗散结构理论，一个稳定的耗散结构具有抗干扰的能力，外界因素引起系统的波动会被结构本身所吸收，与低层次系统相遇，通过耗散结构的吞并融合，保持其特性不变。这表明通风系统的设计从理论上可以得到一个相对稳定的通风系统。

4.1.2 矿井通风系统状态过程演变

通风系统是一耗散结构[48]，系统的不同形态不仅满足形成耗散结构的开放条件，而且是在系统演化的过程中，通过失稳而形成的层次结构，耗散结构理论为用热力学原理研究通风系统进化提供了一个理论框架。

一个开放系统的演变有平衡和非平衡两种状态（见图4-3），外圆代表系统，系统内部的中间线表示系统平衡态和非平衡态区域的分界线，左侧是平衡态区，右侧是非平衡态区。系统的平衡态是最无序的死状态，非平衡态的系统则有序且有活力。系统发展的不同状态可用熵来量化，熵产生 *diS* 和熵流 *deS* 决定着系统的演变趋势。图4-3[49]中非平衡核线性区的内边界一薄层区，该区内的值记为阈值1，在非平衡区与平衡区的粗线分界线右侧也有一薄层区，该区内的值记为阈值2，

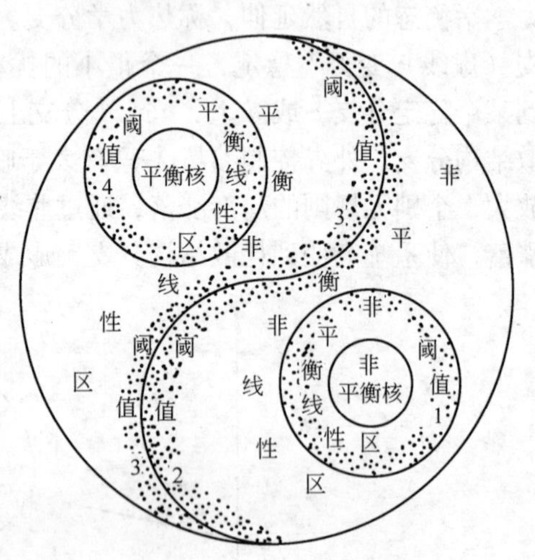

图4-3 系统演变状态

分界线的左侧相应的记为阈值3，在平衡态线性区的内侧薄层区记为阈值4。这4个阈值的出现预示着系统状态的4次演变（包括2次突变），当系统发展到以下区域时：

（1）非平衡线性区，当总熵变 *dS* 大于阈值1时，线性区向非平衡核演变，这是系统发展的最佳状态；当 *dS* 小于阈值1时，线性区向非线性区演变，系统状态有恶化趋势；

（2）非平衡非线性区，*dS* 大于阈值1时，此时系统良性状态稳定化；当 *dS* 小于阈值2时，非平衡态区向平衡态区突变，系统由无序转向有序，系统状态恶化；

（3）平衡非线性区，当 *dS* 大于阈值3时，平衡态区向非平衡态区突变，也就是说，此时的系统由有序向无序转化，系统状态良性化；当 *dS* 小于阈值4时，非线性区向线性区演变，系统恶化不可逆转；

（4）平衡线性区，当 *dS* 大于阈值4时，线性区向非线性区演变，系统有好转趋势；当 *dS* 小于阈值4时，线性区向平衡核演变，这是系统转向“死亡”的一种状态。

综上所述，系统状态的演变取决于4个熵阈值，系统良性化演变关键在阈值

2、阈值3和非平衡态非线性区。以上分析的4个熵阈值，它们是系统演变到不同状态时才出现的，不能将这4个熵阈值与相应的系统状态孤立起来比较其大小，只有把它们分别放在不同状态层面进行研究才有意义。

4.1.3 应用分析

在通风系统中，J_k 可以代表通风系统中的质量流量，X_i 可以代表通风系统中的动力，如风机、自然风压等。耗散结构理论表明，要形成耗散结构，系统必须远离平衡。系统偏离平衡的程度可由系统内产生“流”的“力”的强弱来表征。在一定外界参量控制下，熵值不断减小，最后稳定在一种较平衡且熵值低的有序状态上。由此可见，系统远离平衡时，不仅产生“流”的“力”较强，而且由于非线性的耦合作用，各种“力”对某一种“流”都有贡献，系统各要素之间形成相互依赖、协同发展的状态。通风网络中不同分支对系统的影响程度有较大差别。造成这种差别的原因在于不同分支中，“力”与“流”的分配是不均匀的，不同的“力”对“流”的贡献也不同，系统各要素之间是非线性耦合的作用等。

采用压差计法对芦岭矿西部采区的几条干线进行了通风阻力测定，为通风系统分析提供基础数据。测定路线1：西副井井底→西进风大巷→88采区→88采区回风巷→西风井井底。测定路线2：西副井井底→10采区进风巷→10采区→10采区回风巷→西风井井底。通风阻力分布见表4-1[50]。

表4-1 通风阻力分布

测 段	88采区		10采区	
	阻力/Pa	比例/%	阻力/Pa	比例/%
进风段	429.8	19.9	239	11.7
采区	576.7	26.7	509.9	25.8
回风段	1144.8	53.4	123.5	62.5
合计	2160	100	1976	100

测定结果表明：

（1）88采区进风段阻力比10采区大，主要原因是-400水平重车巷道断面小，要提高本系统的通风能力，必须对此段降阻；

（2）各系统回风段阻力比较大，88采区为53%，10采区为62.5%，主通风机产生的风压主要消耗于回风段，特别是10采区的主要回风道南东人行上山巷道失修严重；88采区总风巷长期积煤，废弃管路堆积，消除这些局部阻力，对提高系统的通风能力具有积极的作用。

4.1.4 评价结论

（1）矿井通风系统是一个开放的远离平衡系统，可利用耗散结构理论进行分析，并可进一步应用耗散结构理论的模型，优化与控制矿井通风系统。

（2）对于通风系统，非平衡态非线性区是一个关键性区域，在不适当熵流的作用下，处在该区域的状态极有可能突破阈值2向平衡态突变。系统非平衡态和平衡态非线性区是通风系统的良性区。

（3）风机是系统同外界进行物质和能量交换的动力，为系统输入负熵，使系统远离平衡而形成耗散结构。

4.2 逼近理想解方法评价

矿井通风系统优化是一个由相互结合、相互关联、相互制约的众多因素构成的复杂系统的决策问题。矿井通风系统是矿井生产系统的重要组成部分，其任务是利用通风动力，以最经济的方式，向井下各用风地点提供充足的新鲜空气，以满足井下作业人员的生存、安全和改善劳动环境的需要；在发生灾变时，能有效、及时地控制风向，并配合其他措施，防止灾害的扩大。改善矿井通风状况，优化通风系统，确保矿井通风系统符合防突的要求，以提高矿井防灾抗灾能力，由此可得出矿井通风系统优化方案的评价标准是“技术可行、经济合理、安全可靠”。目前通风系统评价的定量化方法主要有模糊综合评价、灰色综合评价等。基于熵权的TOPSIS方法利用灰熵理论，避免了当前权重确定中的主观性和计算复杂性，有很大的适用性。

4.2.1 基于熵权的TOPSIS方法

TOPSIS是一种统计分析方法，它借助多属性决策问题的理想解和负理想解对评价对象进行排序[51]。理想解是一个虚拟的最优解，它的各个指标值都达到评价对象中的最优值。而负理想解是虚拟的最差解，它的各个指标都达到评价对象中的最差值。设有m个评价对象，n个评价指标，各评价对象的评价指标值组成矩阵X，x_{ij}表示第i个评价对象的第j个指标的指标值。

4.2.1.1 数据的规范化

因为各指标通常具有不同的量纲，无法直接进行比较，所以必须对指标值矩阵进行规范化。规范化的方法很多，这里仅给出常用的一种。

$$y_{ij} = x_{ij} \Big/ \sum_{i=1}^{m} x_{ij} \qquad (j = 1,2,\cdots,n) \tag{4-2}$$

4.2.1.2 确定评价指标的熵权

在信息论中，信息熵是系统无序程度的度量[52]，信息熵定义为：

$$H(y_i) = -\sum_{i=1}^{m} y_{ij}\ln y_{ij} \tag{4-3}$$

式中 m——评价对象的个数。

一般来说，综合评价中某项指标的指标值变异程度越大，信息熵 $H(y_i)$ 越小，该指标提供的信息量越大，该指标的权重也应越大；反之，该指标的权重也应越小。因此，根据各项指标值的变异程度，利用信息熵的方法可计算出各指标的权重——熵权。

首先，求解输出熵 E_j，即：

$$E_j = H(y_j)/\ln m \tag{4-4}$$

其次，求解指标的差异度 G_j，即：

$$G_j = 1 - E_j \qquad (1 \leqslant j \leqslant n) \tag{4-5}$$

最后，计算熵权：

$$a_j = G_j \Big/ \sum_{i=1}^{n} G_i \qquad (j = 1,2,\cdots,n) \tag{4-6}$$

4.2.1.3 确定评价指标的熵权

构造加权规范化矩阵，因为各因素的重要程度不同，所以应考虑各因素的熵权，将规范化数据加权，构成加权规范化矩阵。

$$V = (v_{ij})_{m\times n} = \begin{bmatrix} a_1y_{11} & a_2y_{12} & \cdots & a_ny_{1n} \\ a_1y_{21} & a_2y_{22} & \cdots & a_ny_{2n} \\ \vdots & \vdots & & \vdots \\ a_1y_{m1} & a_2y_{m2} & \cdots & a_ny_{mn} \end{bmatrix} \tag{4-7}$$

4.2.1.4 确定理想解和负理想解

$$V^+ = \{(\max_i v_{ij} \mid j \in J_1), (\min_i v_{ij} \mid j \in J_2) \mid i = 1,2,\cdots,m\} \tag{4-8}$$

$$V^- = \{(\min_i v_{ij} \mid j \in J_1), (\max_i v_{ij} \mid j \in J_2) \mid i = 1,2,\cdots,m\} \tag{4-9}$$

式中 J_1——效益型指标集；

J_2——成本型指标集。

4.2.1.5 计算距离

各评价对象与理想解和负理想解的距离分别为：

$$\begin{aligned} d_i^+ &= \sqrt{\sum_{j=1}^{n} (v_{ij} - v_j^+)^2} \\ d_i^- &= \sqrt{\sum_{j=1}^{n} (v_{ij} - v_j^-)^2} \end{aligned} \tag{4-10}$$

$$(i = 1,2,\cdots,m)$$

4.2.1.6 确定相对接近度

评价对象与理想解的相对接近度为：

$$C_i = \frac{d_i^-}{d_i^+ + d_i^-} \quad (i = 1,2,\cdots,m) \tag{4-11}$$

根据相对接近度大小，就可以对评价对象的优劣进行排序。基于熵权的TOPSIS方法的评价过程为：数据规范化—确定指标的熵权—构造加权规范化矩阵—确定理想解和负理想解—计算距离—确定相对接近度。

当评价对象的指标划分成不同层次时，就需要利用多层次评价模型进行评价。多层次评价模型是在单层次评价基础上进行的。单层次评价的结果即各评价对象的相对接近度组成上一层次的评价矩阵，此时考虑各因素的权重，评价矩阵 $\boldsymbol{c}_2$ 和权重向量 $\boldsymbol{A}$ 合成评价结果向量 $\boldsymbol{c}$。

$$c = A \times c_2 \tag{4-12}$$

根据加权相对接近度的大小，即可确定评价对象的优劣。

4.2.2 矿井通风系统方案综合评判

针对南屯煤矿30年规划的三个时期的通风系统方案的优化问题，现利用基于熵权的TOPSIS方法确定该矿2012~2020年期间的通风系统的优化方案[53]。

4.2.2.1 确定评价对象集

针对三个方案进行评价，评价对象集为 $p = \{p_1, p_2, p_3\}$。式中，p_1、p_2、p_3 分别为方案1、方案2、方案3。

4.2.2.2 建立评价指标集

影响矿井通风系统的因素很多，但总体上可从经济、技术、安全三个方面考虑，即经济上要合理，技术上要可行，安全上要可靠。指标集 $T = \{T_1, T_2, T_3\}$ 为第一层次的因素。第二层次的因素，经济方面主要选取通风机功率（t_{11}）、通风机效率（t_{12}）、吨煤主要通风机电费（t_{13}）、通风井巷工程费（t_{14}），即：

$$T_1 = \{t_{11}, t_{12}, t_{13}, t_{14}\}$$

技术方面主要选取矿井风压（t_{21}）、矿井风量（t_{22}）、矿井等积孔（t_{23}）、矿井风量供需比（t_{24}）、通风方式（t_{25}），即：

$$T_2 = \{t_{21}, t_{22}, t_{23}, t_{24}, t_{25}\}$$

安全方面主要选取风机运转稳定性（t_{31}）、用风地点风流稳定性（t_{32}）、矿井抗灾能力（t_{33}），即

$$T_3 = \{t_{31}, t_{32}, t_{33}\}$$

每个评价对象的指标集均由这两层因素构成。指标体系层次结构如图4-4所示。

各评价对象的原始值见表4-2。

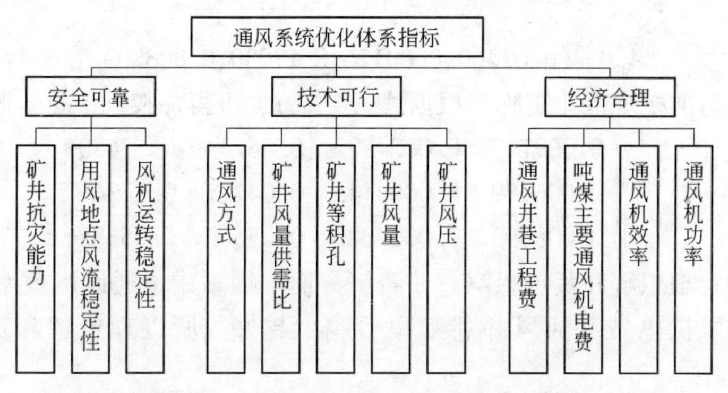

图4-4 矿井通风系统优化评价指标体系

表4-2 南屯矿2012~2020年的通风系统方案评判指标值

指 标	指 标 值		
	方案1	方案2	方案3
通风机功率/kW	578.4	404.0	482.2
通风机效率/%	73.8	70.0	69.0
吨煤主要通风机电费/元	0.40	0.28	0.33
通风井巷工程费/万元	421.966	127.226	39.574
矿井风压/Pa	1956	1371	1607
矿井风量/$m^3 \cdot min^{-1}$	13104	12438	12426
矿井等积孔/m^2	5.9	6.7	6.1
矿井风量供需比①	1.15	1.09	1.09
通风方式②	211	225	264
风机运转稳定性③	140	225	335
用风地点风流稳定性④	224	229	247
矿井抗灾能力⑤	130	265	305

①~⑤数值是以南屯矿为例进行的一个评判指标，有一个独立的评价系统，故"矿井风量供需比、通风方式等指标以评价系统中界定取值范围作为优劣评价标准。

4.2.2.3 第二层次综合评价

A 经济可行性的评价

(1) 数据的规范化。根据式 (4-2)，规范化后的矩阵为：

$$Y = \begin{bmatrix} 0.395 & 0.347 & 0.396 & 0.717 \\ 0.276 & 0.329 & 0.277 & 0.216 \\ 0.329 & 0.324 & 0.327 & 0.067 \end{bmatrix}$$

(2) 计算各指标的熵权。根据式 (4-3)~式 (4-6) 可计算出各指标的熵权为：

$$A_1 = (0.02460, 0.00126, 0.17030, 0.80380)$$

（3）构造加权规范化矩阵。根据式（4－7），可得加权规范化矩阵为：

$$V = \begin{bmatrix} 0.009717 & 0.0004372 & 0.06744 & 0.57630 \\ 0.006789 & 0.0004145 & 0.04717 & 0.17360 \\ 0.008093 & 0.0004082 & 0.05569 & 0.05385 \end{bmatrix}$$

（4）确定理想解和负理想解。在经济方面的因素中，通风机效率越大越好，吨煤主要通风机电费和通风井巷工程费越少越好。所以理想解和负理想解分别为：

$$V^+ = (0.009717, 0.0004372, 0.04717, 0.05385)$$

$$V^- = (0.006789, 0.0004082, 0.06744, 0.57630)$$

（5）计算距离。根据式（4－10），分别计算各评价对象与理想解和负理想解的距离为：

$$d_1^+ = 0.5228, d_2^+ = 0.1198, d_3^+ = 0.008677$$

$$d_1^- = 0.002928, d_2^- = 0.4032, d_3^- = 0.5234$$

（6）确定相对接近度。根据式（4－11），各评价对象与理想解的相对接近度分别为：

$$C_{11} = 0.005569, C_{12} = 0.7709, C_{13} = 0.9837$$

根据判断准则可知，$p_3 > p_2 > p_1$。

B　经济可行性的评价

类似于经济可行性评价过程，可得各评价对象与理想解的相对接近度分别为：

$$C_{21} = 0.0629, C_{22} = 0.26, C_{23} = 0.96$$

根据判断准则可知，$p_3 > p_2 > p_1$。

C　安全可靠性的评价

类似于经济可行性评价过程，可得各评价对象与理想解的相对接近度分别为：

$$C_{31} = 0, C_{32} = 0.567, C_{33} = 1$$

根据判断准则可知，$p_3 > p_2 > p_1$。

4.2.2.4　第一层次综合评价

第二层次的评价结果组成第一层次的评价矩阵，此时考虑第一层次各因素的权重，权重的确定采用层次分析法（计算过程略），$A = \{0.1958, 0.3108, 0.4934\}$，则第一层次的综合评价为：

$$c = A \times c_2 = \{0.0206 \quad 0.5115 \quad 0.9844\}$$

根据判断准则可知，$p_3 > p_2 > p_1$。

4.2.2.5　结果分析

通过运用基于熵权的 TOPSIS 方法对矿井通风系统优化方案进行综合评价，可以发现：

（1）综合考虑经济合理、技术可行和安全可靠三方面的指标，方案 3 的通风系统状况最好，其次是方案 2，方案 1 的通风系统状况最差。

（2）从第二层次的评价结果可以看出，各矿通风系统方案在经济合理、技术可行和安全可靠方面的综合状况：方案 3 通风系统的技术可行和安全可靠性最好，其与理想对象的相对接近度远大于其余两个方案。所以其通风系统管理的重点应是提高系统运行的经济性，降低通风系统工程费和主通风机的功率，方案 1 矿井通风系统在各方面都差，所以必须大力优化通风系统，降低矿井总风阻，降低主通风机的功率，提高主通风机的效率，降低外部漏风率，提高矿井的抗灾能力。

基于熵权的 TOPSIS 方法是多属性决策方法在通风系统评价中的应用。该方法利用灰熵理论确定评价指标的权重——熵权，避免了目前权重确定中的主观性或计算复杂性；借助评价对象与理想解和负理想解的距离确定的加权相对接近度作为评价准则，从而避免了评价模型的主观性，使评价结果更符合生产实际。

4.3　本章小结

矿井通风系统是一个开放系统，利用耗散结构理论，对通风系统的耗散条件和行为进行了研究，同时，用熵理论分析了矿井通风系统的不同演变状态，指出了决定矿井通风状态演变的 4 个熵阈值和 2 次突变，为矿井通风系统优化以及矿井通风安全管理提供了理论依据。

为了实现矿井通风的系统安全，对系统的安全性进行定性、定量的预测分析和安全评价，将多目标决策中的逼近理想解排序方法 TOPSIS 引入到矿井通风系统方案优化的评价中，将技术、经济、安全三个方面作为评价标准，提出了矿井通风系统评价的指标体系，建立了基于熵权的多层次 TOPSIS 评价模型，并结合实例验证其准确性和优越性。结果表明，该方法利用灰熵理论确定评价指标的权重——熵权，避免了权重确定中的主观性和计算复杂性；借助评价对象与理想解和负理想解的距离确定的加权相对接近度作为评价准则，避免了评价模型的主观性，使评价结果更符合生产实际。

5 矿井工作面增氧技术研究

在矿山井下，缺氧是矿山施工中遇到的首要难题，再加上有毒有害气体的涌出、矿尘的飞扬、作业人员的呼吸、坑木的腐烂、炮烟的扩散以及机械装载、运输等耗氧量大，使工作环境十分恶劣。矿井工人在这样的条件下承担繁重劳动，不仅体力下降快，工作效率也降低，严重时还危及人的健康，甚至生命安全受到威胁。

5.1 矿井环境对人体的影响

5.1.1 矿井空气对人的影响

矿井内的空气主要是氧、氮和二氧化碳。其中氮为惰性气体，在井下变化很小，因此主要考虑氧和二氧化碳。

人进行正常呼吸时，空气中的氧气不能低于16%。人体维持正常的生命过程所需的氧量，取决于人的体质、神经与肌肉的紧张程度，休息时需氧量为0.25L/min，工作和行走时为1~3L/min。氧含量对人体的影响见表5-1。

表5-1 含氧量对人体的影响

影响程度	含氧量/%	人体反应
舒适环境	>20	正常工作
工效环境	17~20	紧张工作（心跳、呼吸困难）
可耐受环境	15~17	失去劳动能力
危险环境	<10	失去神志（生命危险）

二氧化碳无毒，但对人的呼吸起刺激作用。而且，当空气中二氧化碳浓度过大，造成氧浓度降低时，可以引起缺氧窒息。当空气中二氧化碳浓度达5%时，人就出现耳鸣、无力、呼吸困难等现象；浓度达10%~20%时，人的呼吸处于停顿状态，失去知觉，时间稍长就有生命危险。

5.1.2 气候环境对人的影响

在文献［54］中，对矿山井下环境进行了模拟，并记录了实验室模拟与结果分析。试验模拟结果表明：气温和湿度对生理参数有影响，而且高温环境与体力负荷对生理参数也产生很大影响。

5.1.3 有毒有害气体对人的影响

金属矿山井下常见的有毒有害气体，主要是一氧化碳、氮的氧化物、硫化氢、二氧化硫等。少量的有毒有害气体主要刺激人的呼吸系统、皮肤、眼睛等部位。大量的有毒有害气体会导致井下空气含氧量减少，甚至中毒窒息事故。有毒有害气体对人的影响见表5-2。

表5-2 有毒有害气体对人的影响

影响程度	CO浓度/%	NO_2浓度/%	H_2S浓度/%	SO_2浓度/%
舒适环境	<0.016	<0.004	<0.01	<0.0005
工效环境	0.016~0.048	0.004~0.006	0.01~0.05	0.0005~0.002
可耐受环境	0.048~0.128	0.006~0.01	0.05~0.1	0.002~0.05
危险环境	>0.4	>0.025	>0.1	>0.05

注：含有毒有害气体的空气与人体接触时间为0.5~1h。

5.1.4 粉尘对人的影响

矿山在生产和建设过程中产生的各种矿石及岩石细微颗粒，称为粉尘。粉尘是一种有害物质，危害人体健康，其危害主要表现在以下几个方面：

（1）长期吸入含游离二氧化硅的矿尘、石棉尘，能引起职业性的尘肺病；

（2）粉尘落于人的皮肤上，有刺激作用，能引起皮肤、呼吸道、眼睛、消化道等的炎症；

（3）有毒性矿尘（镉、铅、砷、汞等）进入人体，能引起中毒；

（4）粉尘悬浮于空气中，影响视野，易发生工伤事故。

通过分析环境因素对人的影响，按照人机工程学观点，不难看出，温度、湿度、有毒有害气体和粉尘四个因素对人的生理和心理有重要影响作用，这种作用产生的影响进而又被作业者带入其作业系统，从而影响整个系统的安全、健康和工效。

5.2 矿井增氧量计算

根据以上分析，可以看出缺氧对人体及矿山设备影响很大，增氧量的大小不仅要考虑人体的耗氧量、矿井外大气的含氧量、矿井内空气的含氧量，而且还要考虑矿井内温度、CO_2的浓度以及新风量等因素。

5.2.1 矿井新风量

5.2.1.1 CO_2 浓度

人体的 CO_2 排出量与人的活动状态有关，人睡眠时的 CO_2 排出量最少，而从事体力劳动时排出量最大，有关数据列于表 5－3[55]。

表 5－3 成人在不同状态下的二氧化碳排出量

状 态	静止时	轻劳动（机关工作）	体力劳动
CO_2 排出量/$L \cdot h^{-1}$	23	23	45

CO_2 是人体代谢产物，若工作空间内不通风或通风不良，会引起 CO_2 分压升高。人体短时间暴露于不同 CO_2 分压的空气中所受的影响[56]见图 5－1。

新风量的确定是以 CO_2 浓度为计算依据的，因为 CO_2 是人体各种生理散发物的指示剂。CO_2 是人体代谢物，成人安静时每小时大约呼出 CO_2 15 标准升，若矿井内不通风或通风不良，会引起 CO_2 分压升高，并对人体健康造成威胁。

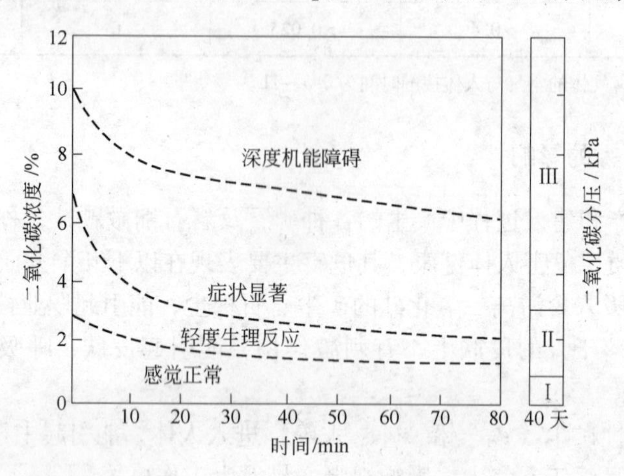

图 5－1 二氧化碳对人体的影响

Ⅰ—无生理影响；Ⅱ—产生生理变化的适应性改变；Ⅲ—引起机能障碍和病理性改变

由图 5－1 可以看出，在标准状态下吸入 CO_2 分压为 0.5kPa 的空气 40 天也不会引起可观测到的生理变化，而超过 2.0kPa 会出现轻度生理反应，超过 3.0kPa 会出现显著症状。我国国家标准金属非金属矿山安全规程（GB16423—2006）规定矿井内 CO_2 分压不允许超过 0.5kPa，即 CO_2 浓度不允许超过 0.5%。目前国家标准（GB 9663～9673—1996）规定，公共场合的 CO_2 浓度限值最大为 0.15%，其要求明显较高，原因在于考虑安全因素，因而对于一些特殊场合，在条件难以满足时也可适当放宽标准。CO_2 浓度极限值的有关标准见表 5－4。

表 5-4 标准中的二氧化碳允许浓度

标　准	GB/T 12817—1991《铁道客车通用技术条件》	GB 9673—1996《公共交通工具卫生标准》	ASHARE Standard 62—1981《通风应达到的室内空气质量》
CO_2 允许浓度/%	≤0.15	≤0.20	≤0.25
应用场所	铁道车辆	交通工具	室内
标准制定单位	原铁道部	原卫生部	美国采暖通风工程师协会

从节能的角度考虑，在满足安全要求的前提下，矿井内 CO_2 浓度取最大值，即 CO_2 浓度小于0.5%。此浓度指标为体积浓度，因此在不同海拔高度，体积浓度相同而质量浓度却不同。

5.2.1.2 空气中 CO_2 含量的计算

资料显示，新鲜空气中 CO_2 的浓度为0.03%，其浓度基本上不随高度的变化而变化。空气中二氧化碳含量的计算公式[57]为：

$$q = \rho_a \gamma \frac{f_i}{f} \tag{5-1}$$

式中 q——CO_2 含量，g/m^3；

ρ_a——空气密度，海平面处且温度为20℃时，密度为 $1205g/m^3$；

γ——CO_2 浓度，%；

f_i——CO_2 的相对分子质量，$f_i = 44$；

f——空气的相对分子质量，$f = 28.97$。

由上式可算出在海平面处、温度为20℃时，大气中的 CO_2 含量 q 为：

$$q = 1205 \times 0.03\% \times 44/28.97 = 0.549g/m^3$$

在正常状态下，人体呼出量如表5-5所示。但是目前尚无低气压条件下人体 CO_2 呼出量的数据，但可以假设低气压下与常压下人体 CO_2 呼出量一样。虽然气温对人体 CO_2 呼出量会有影响，但假设矿井内温度与平原一致，并满足工程实际计算要求，因此取空气温度20℃为计算条件。

表 5-5 正常状态下的呼吸代谢量

操作程度	氧气消耗量/$m^3 \cdot h^{-1}$	二氧化碳呼出量/$m^3 \cdot h^{-1}$
静止时	0.0146	0.013
极轻动作	0.0244	0.022
轻动作	0.0329	0.03
中等动作	0.0512	0.046
大动作	0.0818	0.074

由于随着海拔高度的升高，同样体积的空气中质量逐渐减小，需要的新风量也相应增加。在一定海拔高度上，所需最小新风量计算公式为：

$$L_W = \frac{Z}{y_n - y_w} \tag{5-2}$$

式中 L_W——需要的最小新风量，m^3/h；

Z——矿井内产生的 CO_2 量，g/h；

y_n——矿井内空气中 CO_2 允许的质量浓度，g/m^3；

y_w——矿井外新风中 CO_2 的质量浓度，g/m^3。

新风中 CO_2 浓度为 0.03%，在海拔 3050m 处，20℃时的空气密度为 862.4g/m^3 如表 5-6 所示。

表 5-6 大气指标参数

参数	海拔高度/m	大气压力/kPa	空气密度/$g \cdot m^{-3}$	氧分压/kPa	大气含氧量/$g \cdot m^{-3}$
海平面	0	101.3	1205	21.22	278.8
锡铁山	3050	72.5	862.4	15.19	199.5

注：表中参数是以空气温度 20℃ 为条件计算得出的。

由式（5-1）计算可得矿井外大气 CO_2 含量为：

$$q = \rho_a y \frac{f_i}{f} = 862.43 \times 0.03\% \times 344/28.97 = 0.393 g/m^3$$

矿井内 CO_2 浓度不大于 0.5%，则 CO_2 的含量为：

$$q = \rho_a y \frac{f_i}{f} = 862.43 \times 0.5\% \times 344/28.97 = 6.549 g/m^3$$

矿工在矿井正常工作时 CO_2 呼出量约为 72g/(h·人)。如矿井定员为 150 人，可根据式（5-2）计算最小新风量[58,59]为：

$$L_W = \frac{Z}{y_n - y_w} = \frac{72 \times 150}{6.549 - 0.393} = 1754 m^3/h$$

5.2.2 矿井新风量氧气消耗量

新风量的确定以二氧化碳浓度为计算依据，要求其体积浓度不允许超过 0.15%，而新风量 L_W 也可根据计算得出。由此，由新风量造成的氧气消耗量 C_W 可由下式计算：

$$C_W = L_W \times (0.209 - d) \tag{5-3}$$

式中 d——矿井内氧浓度，%；

0.209——矿井外大气氧浓度（20.9%）。

表 5-7 所示为以锡铁山 3002 中段为例进行的氧浓度测量数据。

表 5-7 3002 中段氧浓度测量值

测 量 点	测量气体	气体含量/%					平均值/%	备 注
测点1（3002 水平 25 线岔口）	O_2	14.2	14.2	14.2	14.2	14.2	14.2	以 3062 中段作为实验工作面
测点2（3002 水平候罐室）	O_2	14.3	14.2	14.2	14.2	14.2	14.2	
测点3（3002 水平 31 线下盘）	O_2	14.1	14.1	14.1	14.1	14.1	14.1	
测点4（3002 水平 31 线上盘）	O_2	14	14	14	14	14	14	
测点5（3002 水平 35 线东岔口）	O_2	13.9	13.9	13.9	13.9	13.9	13.9	
测点6（3002 水平 39 线上盘）	O_2	14	14	14	14	14	14	

以 3002 中段作为试验中段，通过计算得 3002 中段氧气平均浓度为 14.07%。所以新风量氧气消耗量：

$$O_{2W} = L_W \times (0.209 - d) = 17543(0.209 - 0.1407) = 119.79\text{m}^3/\text{h}$$

5.2.3 矿工氧气消耗量

人体在代谢过程中消耗氧气，放出二氧化碳，随时间的积累会使矿井内氧气和二氧化碳浓度发生变化。、

在正常状态下人体耗氧量如表 5-5 所示。目前尚无低气压条件下人体耗氧量的数据，但可以假设低气压下与常压下人体耗氧量一样。以空气温度 20℃ 为计算条件。

从表 5-5 中的数据可以分析，矿工在矿井内操作属剧烈运动，其操作程度为大动作，耗氧量取为 0.0818m³/h。因此，矿井内人体代谢耗氧量为：

$$O_{2ren} = 0.0818 \times N \tag{5-4}$$

式中 N——矿井内工作人数。

矿井内定员人数为 $N=150$ 人，因此矿井内人体代谢耗氧量：

$$O_{2ren} = 0.0818 \times N = 0.08183150 = 12.27\text{m}^3/\text{h}$$

5.2.4 矿井漏风氧气消耗量

由于矿井不是全密封的，矿井内空气和外界大气有一定的交换量，矿井通风系统漏风率为 10%（无提升设备）~20%（有提升设备），取漏风率为 20%，漏风量为 350.8m³/h，由此可按下式估算由于漏风而损失的氧气量：

$$O_{2L} = 350.8 \times (0.209 - d) \tag{5-5}$$

$$O_{2L} = 350.8 \times (0.209 - 0.1407) = 23.96\text{m}^3/\text{h}$$

由此，通过制氧设备来供氧时，耗氧量的大小为矿工氧气消耗量、矿井漏风氧消耗量、新风量氧气消耗量三者之和。耗氧量为：

$$O_{2H} = O_{2L} + O_{2ren} + O_{2W} = 23.96 + 12.27 + 119.79 = 156.02\text{m}^3/\text{h}$$

5.3 矿井增氧系统设计

5.3.1 矿井制氧设计

5.3.1.1 制氧量技术指标

矿井通风不是完全密闭的系统，漏风率约为10%（无提升设备）~20%（有提升设备）[60]，在新风进风量1754m³/h的条件下，制氧系统工作时矿井内空气含氧量为156.02m³/h。

5.3.1.2 目的

目的是为工人提供健康、安全的有氧工作面环境，提高工作效率。

5.3.1.3 使用环境

制氧系统在下列环境条件下应能正常工作[61]：

（1）海拔高度不超过5000m；

（2）周围空气温度为-30~40℃；

（3）最大相对湿度为90%；

（4）能承受风、沙、雨、雪的侵袭。

5.3.1.4 工作要求

制氧系统应安全工作，运行可靠，便于维护保养。在需氧的工作面装有与之配套的氧气分析仪、安全阀或放空阀，当矿井工作面内氧含量达到要求时，可自动（或手动）停止制氧系统工作；当氧含量不足时，自动（或手动）开动制氧系统工作。

5.3.1.5 制氧机技术指标

富氧空气流量：156.02m³/h；

富氧空气中氧含量：30%~40%（体积分数，在1个大气压下）；

富氧空气出口压力：0.03kPa；

产品富氧空气温度：环境温度65℃；

制氧机系统电源规格：主回路：三相50Hz、380V±10%；

控制回路：单相50Hz、220V±10%；

机组功率：6.0kW；

防爆等级：无危险；

系统噪声：不大于70dB（A）；

设备尺寸（长×宽×高）：850mm×700mm×1600mm；

质量：不大于400kg。

5.3.1.6 工程标准

（1）耐压容器。容器的设计按国家标准或行业标准执行。

（2）耐压管路。管路系统要符合相应的国家标准或行业标准规定。

（3）电路系统。要符合相应的国家标准或行业标准规定，并考虑高原低气压的特殊条件。

5.3.1.7　系统特点

（1）完全适用于高原环境，在零下30℃的环境中仍然可以正常运行，针对高原风沙大的情况，整个系统做了必要的密闭防护。

（2）整个系统的设计尽量选用进口部件，以保证系统的使用寿命。

（3）所有压力容器和管件均选用304不锈钢材质。

（4）控制系统全自动控制方式，无需专人看护，并配有液晶显示屏，能够使操作人员直观地看到各项运行参数。

（5）整体布局合理，结构紧凑，占地面积小；膜系统为柜式结构，质量轻，不需要地基，现场方便与其他设备外连管线。

（6）启动时间很短，开机后马上就可以生产合格的富氧空气。

（7）设备维护方便。

（8）在需要减少供氧量的情况下，系统可以半载运行，节约能源。在需要增加供氧量时只需多加几只膜组件就能实现。

（9）该流程中，所有的硬体部件（包括联合过滤器、系统内管线等）按标准制作，内外表面将经过防腐处理，设计使用寿命超过20年。采用先进的膜分离器，设计使用寿命超过10年。膜系统需要维护更换的部件仅有氧分析仪上的氧电池，其使用寿命为1年；联合过滤器滤芯使用寿命为7000h。

5.3.1.8　技术流程

具体实施方式：在技术流程（图5－2）中，外界空气通过预处理过滤装置1除去空气中的水、油及粉尘等杂质；处理过的空气通过膜分离装置2将氧气与氮

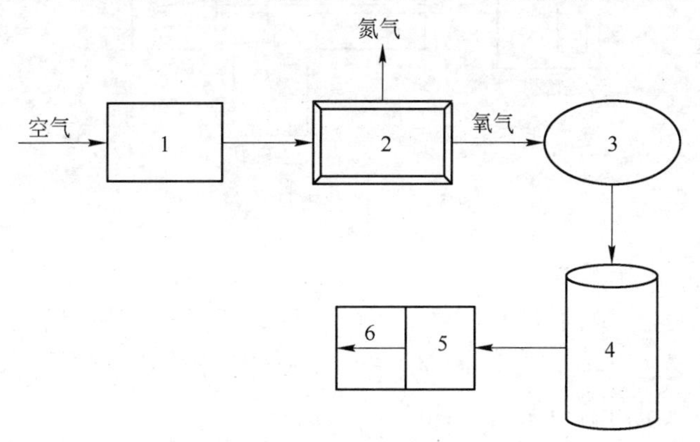

图5－2　技术流程

1—预处理过滤装置；2—膜分离装置；3—加压装置；4—主风井；

5—作业中段工作面；6—氧气控制装置

气分离；分离出来的氧气通过加压装置 3 将氧气加压；加压后的氧气通过输氧管沿主风井 4 输送到需氧中段作业工作面 5，在工作面通过氧气控制装置 6 的调节，获得浓度合适的氧气供应。

5.3.2 矿井供氧设计

矿井可采用膜分离技术原理制取氧气，供矿工使用。如何提供氧气就成为解决矿井供氧的主要问题。根据矿井的实际情况，对矿井内的供氧可采用两种供氧方案，一种是对整个矿井环境供氧；另一种是通过输氧管道把氧气输送到工作面进行集中供氧。这与目前在我国现有高原铁路客车上采用的个人供氧、增压增氧和弥散供氧[62~65]三种方式，既有相似之处，也有不同之处。

5.3.2.1 供氧方案分析

A 矿井整体供氧

矿井整体供氧实际上属于全面供氧或空间环境供氧，如图 5－3 所示。它是把专用氧源与矿井通风机联合在一起使用，对于气密性好的封闭空间无疑是一种良好的环境供氧方式。但对于矿井，由于密封性较差，其可操作性有待于进一步研究。目前民用飞机上普遍采用的供氧方式是增压供氧，不需要专用氧源，它是依靠增压风机或增压器来全面提高机舱内气压的一种环境供氧方式。一些列车上也采取增压供氧的方式，以减轻旅客缺氧的反应。不需氧源通过增压风机或增压器来实施环境控制供氧的方法，其可行性已经得到论证[66,67]。

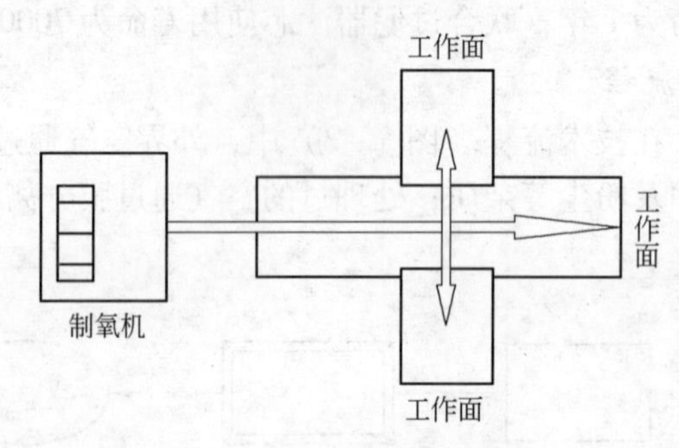

图 5－3 矿井整体供氧

B 工作面集中供氧

集中供氧是指氧气通过专用供氧管道输送，通过软管和调节装置控制流量，然后经末端装置送至各个工作面，供作业工人在一定作业空间范围内使用。工人用氧与否及用氧量可自行调节。如图 5－4 所示。

集中供氧方式的优点是系统简单、经济，氧气的利用率高。这种供氧方式不影响工人的劳动，它不同于目前在医院里和军用飞机上的供氧方式。对于军用飞机上的被运输成员，这种集中式管道供氧方式主要是在飞机增压座舱发生意外减

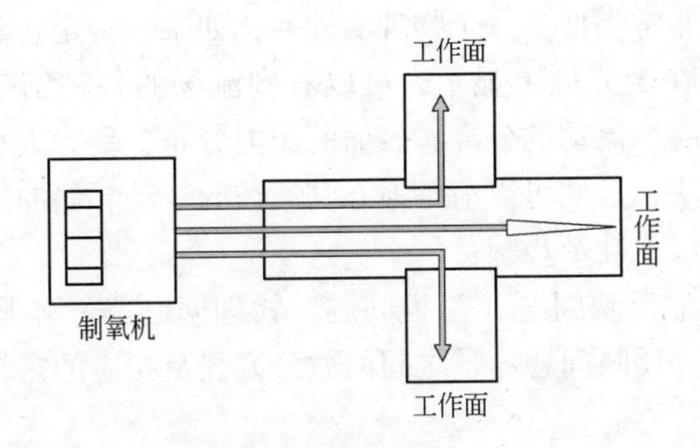

图5-4 工作面集中供氧

压或非增压座舱需要向被运输成员辅助供氧时使用；对于一些大型医院，已经具备集中管道供氧系统，可以在各个病房定点对患者进行供氧。这种固定式的供氧系统的缺点是不便于人们长期离座活动。

5.3.2.2 供氧方案的经济性比较

A 费用比较

对于矿井整体供氧，为满足工作环境需要，耗氧量需考虑工人需氧量、新风耗氧量、矿井漏风耗氧，即耗氧量为三者之和，数值为156.02m³/h；对于工作面集中供氧，可不考虑漏风的影响，耗氧量为工人需氧量、新风耗氧量之和，数值为132.06m³/h，即制氧机能力将节省23.96m³/h。

B 能耗比较

由于集中供氧方式的需氧能力降低，所以能耗比整体供氧也降低。

5.3.2.3 供氧系统的自动控制系统

对于膜分离法制氧机制氧，其控制系统应具有以下功能：通过氧气传感器监测工作面内的氧气浓度，并通过制氧机流量阀门的调节，使工作面内氧气浓度（实际浓度）与满足生理等效高度的氧气浓度（目标浓度）保持相等，从而使制氧机输出的富氧空气与进入工作面的新风混合，以保证工作面内的空气平均氧分压始终在人体生理要求的范围内变化。

当工作面内的平均氧分压低于最低标准时，自动控制系统能够发出警告和报警。一旦制氧机产氧浓度过低，满足不了需要，就发出警告；当工作面内的平均氧分压或氧气浓度过高而没有必要或对消防安全不利时，能够立即停止制氧和切断供氧，迅速排风，将氧气浓度降到合理水平。作为控制装置失效的补救，供氧系统应具有手工调节功能，必要时，手工控制制氧浓度或制氧量。

5.4 工作面增氧通风模型及数值模拟

数值模拟也称计算机模拟。它以电子计算机为手段，通过数值计算和图像显示的方法，达到对工程问题和物理问题等各类问题研究的目的。在计算机上实现一个特定的计算，非常类似于一个物理实验。比如某一特定机翼的绕流，通过计算并将其计算结果在荧光屏上显示，可以看到流场的各种细节：如激波是否存在，它的位置、强度、流动的分离、表面的压力分布、受力大小及其随时间的变化等。通过上述方法，人们可以清楚地看到激波的运动、涡的生成与传播。

数值模拟包含以下几个步骤：

（1）首先要建立反映问题（工程问题、物理问题等）本质的数学模型。具体来说，就是要建立反映问题各量之间的微分方程及相应的定解条件，这是数值模拟的出发点。

（2）数学模型建立后，需要解决的问题是寻求高效率、高准确度的计算方法。目前已发展了许多数值计算方法。计算方法不仅包括微分方程的离散化方法及求解方法，还包括贴体坐标的建立、边界条件的处理等。

（3）在确定计算方法和坐标系后，就可以开始编制程序和进行计算。由于求解的问题比较复杂，比如方程就是一个非线性的十分复杂的方程，它的数值求解方法在理论上不够完善，所以需要通过实验来加以验证。正是从这个意义上讲，数值模拟又称数值试验。

5.4.1 通风风流中的紊流方程

在计算流体力学和数值计算传热学领域，普遍采用的方法是通过紊流方程时均化得到时均方程，借助紊流模型使时均方程封闭，通过采用适当的数值方法进行求解。

5.4.1.1 时均方程

紊流流动是一种极其复杂的现象，但从工程应用的观点上看，关注的是整体的效果，即湍流引起的平均流场的变化。流体瞬时流速虽然随时间变化很复杂，但它始终围绕其本身的“平均值”做上下的随机变动，所以很自然地会想到求解时均化的 $N-S$ 方程，即把湍流运动看作由两个流动叠加而成，即时间平均流动和瞬时脉动流动，这种方法称为 Reynolds 平均法，其中，任一变量的时间平均值

$$\overline{\phi} = \frac{1}{\Delta t}\int^{+\Delta} \phi(t)\,\mathrm{d}t \tag{5-6}$$

$$\phi = \overline{\phi} + \phi'$$

式中 ϕ——脉动值。

对于各流动变量有 $u = u + u'$，$p = p + p'$。代入 $N-S$ 方程，推导得时均形式的 $N-S$ 方程，即 Reynolds 方程：

$$\frac{\partial(\overline{pu_{\mathrm{i}}})}{\partial t} + \frac{\partial(p\,\overline{u_{\mathrm{i}}}\,\overline{u})}{\partial \chi_{\mathrm{j}}} = -\frac{\partial \overline{\rho}}{\partial \chi_{\mathrm{i}}} + \frac{\partial}{\partial \chi_{\mathrm{j}}}\left(\mu\frac{\partial \overline{u_{\mathrm{i}}}}{\partial \chi_{\mathrm{j}}} - p\,\overline{u_{\mathrm{i}}u_{\mathrm{j}}}\right) + S_{\mathrm{i}} \tag{5-7}$$

对其他 ϕ 变量做类似的处理，可得到其他 ϕ 变量方程：

$$\frac{\partial(\overline{p\phi})}{\partial t}+\frac{\partial(p\,\overline{u}_i\overline{\phi})}{\partial \chi_j}=\frac{\partial}{\partial \chi_j}\left(\Gamma\frac{\partial\overline{\phi}}{\partial \chi_j}-p\,\overline{u_j\phi}\right)+S \tag{5-8}$$

5.4.1.2 连续性方程

$$\frac{\partial p}{\partial t}+\frac{\partial(pu_i)}{\partial \chi_j}=0 \tag{5-9}$$

从上述时均方程的导出形式可看出，乘积项在时均化处理后产生包含脉动值的附加项，这些附加项代表了由紊流脉动所引起的能量转移，其中 $p\,\overline{u_i'u_j'}$ 称雷诺应力。在式（5-7）、式（5-8）、式（5-9）中，未知量的数目大于方程的个数，不能使方程组封闭，因此必须引入新的方程，即紊流模型。目前常用的紊流模型有两大类：雷诺应力模型和涡黏模型，重点探讨工程中使用较为广泛的涡黏模型。

5.4.1.3 涡黏模型

在涡黏模型方法中，把雷诺应力表示成涡黏系数 μ_t 的函数。涡黏系数的提出来源于 Boussinesq 涡黏假定，该假定建立了雷诺应力相对于平均速度梯度的关系，即

$$-p\,\overline{u_i'u_j'}=u_t\left(\frac{\partial u_i}{\partial \chi_j}+\frac{\partial u_j}{\partial \chi_i}\right)-\frac{2}{3}\left(pk+u_t\frac{\partial u_i}{\partial \chi_j}\right)\delta_{i,j} \tag{5-10}$$

式中 u_i——时均速度；

$\delta_{i,j}$——克罗内尔数；

k——紊流动能。

涡黏系数 u_t 是空间坐标的函数，取决于流动状态，而不是物性参数，而分子黏性 μ 则是物性参数。引入 Boussinesq 假设后，计算紊流流动的关键就在于如何确定 u_t，紊流模型在这里也就是把 u_t 与紊流时均参数联系起来的关系式。根据确定 u_t 的微分方程数目的多少，可分为零方程模型、一方程模型及双方程模型。

双方程湍流模型能够比较准确地模拟各种复杂流动，而且计算量也在工程可以接受的范围内。由于比较详细地考虑了紊流结构的一些特点，它不但可以用于剪切应力占主导地位的紊流，如挡板阻隔、通道的转折和突然扩大等局部结构附近的风流结构，而且可用于巷道风流流动。目前在流体流动、传热物质研究领域应用最广泛的是双方程模型中 $k-\varepsilon$ 的模型。Fluent 软件提供了 3 种双方程 $k-\varepsilon$ 模型：标准 $k-\varepsilon$ 模型、RNG $k-\varepsilon$ 模型和 Realizable $k-\varepsilon$ 模型。RNG $k-\varepsilon$ 模型主要应用于旋转机械，解决旋转坐标系下的流动问题，Realizable $k-\varepsilon$ 模型主要用于射流、大分离、回流等问题。

5.4.1.4 标准 $k-\varepsilon$ 双方程模型

标准 $k-\varepsilon$ 模型是典型的双方程模型，是目前使用最广泛的紊流模型。该模

型中引入了紊流动能 k 和紊动耗散率 ε，涡黏系数 u_t 可表示为 k 和 ε 的函数，c_μ 为经验常数，即：

$$u_t = pc_\mu \frac{k^2}{\varepsilon} \tag{5-11}$$

在标准 $k-\varepsilon$ 模型中，k 和 ε 是两个基本未知量，与之对应的输运方程为：

$$\frac{\partial}{\partial t}(pk) + \frac{\partial}{\partial \chi_i}(pku_i) = \frac{\partial}{\partial \chi_j}\left[\left(\mu + \frac{\mu_t}{\sigma_k}\right)\frac{\partial k}{\partial \chi_j}\right] + G_k + G_b - p\varepsilon - Y_M + S_k \tag{5-12}$$

$$\frac{\partial}{\partial t}(p\varepsilon) + \frac{\partial}{\partial \chi_i}(p\varepsilon u_i) = \frac{\partial}{\partial \chi_j}\left[\left(\mu + \frac{\mu_t}{\sigma_\varepsilon}\right)\frac{\partial \varepsilon}{\partial \chi_j}\right] + C_{1\varepsilon}(G_k + C_{3\varepsilon}G_b) - pC_{2\varepsilon}\frac{\varepsilon^2}{k} + S_\varepsilon \tag{5-13}$$

式中 G_k——由平均速度梯度引起的紊流动能产生项，$G_k = \mu_t S^2$；

G_b——由浮力引起的紊流动能产生项；

Y_M——可压紊流中脉动扩张项；

$C_{1\varepsilon}$，$C_{2\varepsilon}$，$C_{3\varepsilon}$——经验常数；

σ_k，σ_ε——分别为 k 方程和 ε 方程的紊流普朗特数；

S_k，S_ε——自定义源项。

式（5-13）中经验常数取值分别为 $C_{1\varepsilon} = 1.44$、$C_{2\varepsilon} = 1.92$、$C_\mu = 0.09$、$\sigma_k = 1.0$、$\sigma_\varepsilon = 1.3$，当流动为不可压且不考虑自定义源项时，$G_b = 0$、$Y_M = 0$、$S_k = 0$、$S_\varepsilon = 0$。

在一般的通风问题中，标准的 $k-\varepsilon$ 模型已经得到了广泛的检验和成功应用[68~70]。

5.4.2 工作面增氧通风模拟

5.4.2.1 增氧通风描述

增氧通风系统如图 5-5 所示，x、y、z 方向分别为独头巷道的宽、高、长，其数值分别为 2.8m、2.8m、20m，通风管道内的空气和输氧管道内的氧气沿 $+z$ 方向进入巷道，通风管进入巷道 8m，其半径为 0.3m，即出风口离采掘面为 12m，进风口中心坐标为（0.3，2.5，0）；氧气管出气口离采掘面 4m，其半径为 0.1m，进气口中心坐标为（0.1，2.0，0）。

5.4.2.2 模拟操作步骤

A 利用 Gambit 生成网格文件

a 构造几何模型

Gambit 通常按照点、线、面的顺序来进行建模，或者直接利用 Gambit 体生成命令创建体。巷道模型如图 5-6 所示。

b 划分网格

几何区域定义确定以后，就需要把这些区域离散化，也就是网格划分。这一

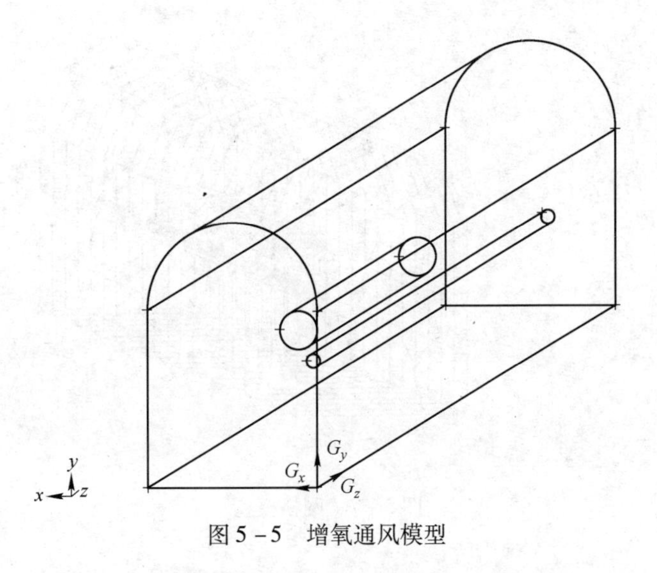

图 5-5 增氧通风模型

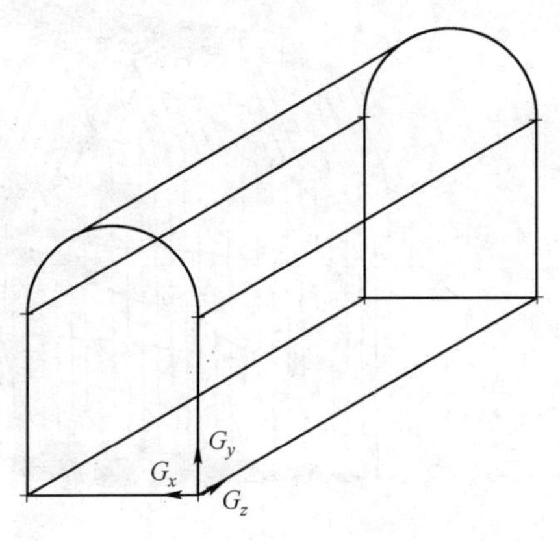

图 5-6 巷道模型

步骤中需要定义网格单元类型、网格划分类别、网格步长等有关选项。一般过程根据模型特点进行线、面、体网格的划分。对于实体网格划分，还需要利用 Gambit 提供的网格显示方式功能按钮来观察网格内部情况。网格模型如图 5-7 所示。

c 指定边界条件类型

在这一环节中，Gambit 首先利用指定所使用的求解器名称（具体包括 FLUENT5/6、FIDAP、ANSYS、RAMPANT 等）；然后指定网格模型中各边界的类型（图 5-8）。FLUENT 提供了 22 种流动进、出口条件[71]。

下面介绍常用的几种条件：

（1）壁面（wall）：用于限制流体和固体区域。在黏性流动中，壁面处默认

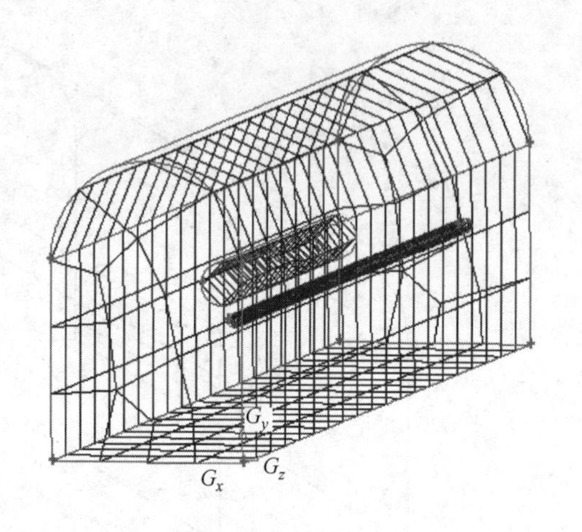

图 5－7 网格模型

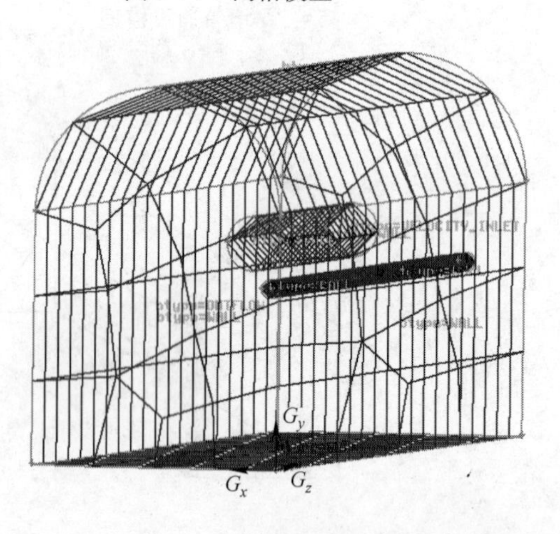

图 5－8 模型边界条件

为非滑移边界条件，也可以指定切向速度分量，或者通过指定剪切来模拟滑移壁面，从而分析流体和壁面之间的剪应力。如果要求解能量方程，则需要在壁面边界处定义热边界条件。

（2）轴（axis）：轴边界类型必须使用在对称几何外形的中线处。在轴边界处不必定义任何边界条件。

（3）排气扇（exhaust－fan）：排气扇边界条件用于模拟外部排气扇，它具有指定的压力跳跃以及周围环境（排放出）的静压。

（4）进风口（inlet－vent）：进风口边界条件用于模拟具有指定的损失系数、流动方向以及周围（入口）环境总压和总温的进风口。

（5）进气扇（intake－fan）：进气扇边界条件用于模拟外部进气扇，需要给定压降、流动方向以及周围（进口）总压和总温。

(6) 质量流动入口（mass - flow - inlet）：质量流动入口边界条件用于模拟可压流规定入口的质量流速。在不可压流中不必指定入口的质量流，因为当密度是常数时，速度入口边界条件就确定了质量流条件。

(7) 出口流动（outlow）：出口流动边界条件用于模拟之前未知的出口速度或者压力的情况。质量出口边界条件假定除压力之外的所有流动正法向梯度为零。该边界条件不适用于可压缩流动。

(8) 通风口（outletvent）：通风口边界条件用于模拟通风口，它具有指定的损失系数及周围环境（排放处）的静压和静温。

(9) 压力远场（pressuer - far - filed）：压力远场边界条件用于模拟无穷远处的自由可压流动，该流动的自由流马赫数以及静态条件已经确定。这里应注意：压力远场边界条件只适用于可压缩流动。

(10) 压力入口（pressure - inlet）：压力入口边界条件用来定义流动入口边界的总压和其他标量。

(11) 压力出口（pressure - outlet）：压力出口边界条件用于定义流动出口的静压（在回流中还包括其他的标量）。当出现回流时，使用压力出口边界条件来代替质量出口条件更容易收敛。

(12) 对称（symmetey）：对称边界条件用于所计算的物理外形以及所期望的流动/热解具有镜像对称的特征的情况。

(13) 速度入口（velocity - inlet）：速度入口边界条件用于定义流动入口边界的速度和标量。

d 指定区域类型

CFD 求解器一般会提供 fluid 和 solid 两种区域类型（图 5 - 9）。

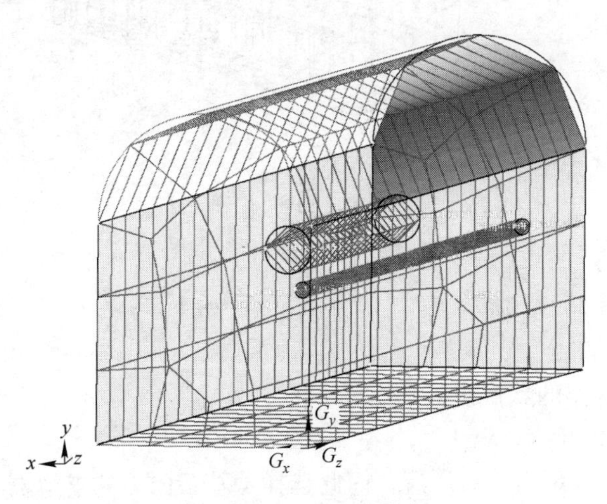

图 5 - 9 模型区域条件

e 导出网格文件

选择 File→Export→Mesh，指定文件名，便可生成指定名称的网格文件，该文件可以直接由 FLUENT 读入。

B 计算模型确定

其文件名称为 default_ id2096. msh。

网格的处理，包括：

（1）读入网格文件（default_ id2096. msh）。

File→Read→Case…

当 FLUENT 读取网格文件时，在控制台窗口中将显示消息来报告网格转换的进程。FLUENT 将会报告楔形单元已经读取完。

（2）检查网格。

Grid→Check

FLUENT 将进行各种网格检查，并在控制台窗口输出检查的进展信息。注意输出的最小体积值应该保证为正数。

（3）缩放网格。

Grid→Scale…

在 Unit Conversion 列表下，选择 cm 并将短语标识 Grid Was Created In 改成 mm（毫米）；单击 Change Length Units 按钮，将 centimeter 设置为长度的工作单位；关闭面板。

边界显示如图 5-10 所示。

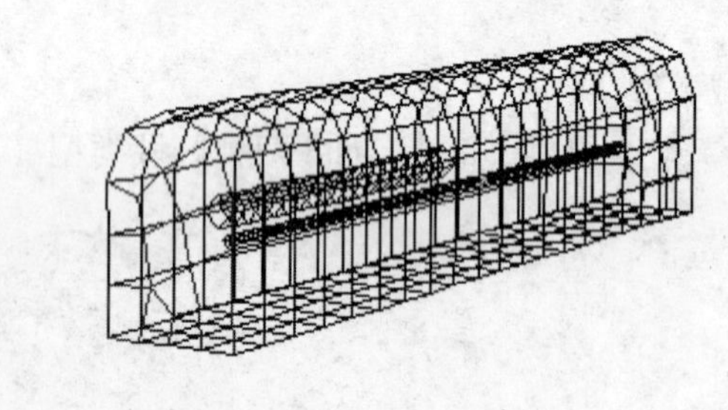

图 5-10 边界显示

（4）显示网格。

网格显示如图 5-11 所示。

C 模型设置

（1）保持求解器的默认设置。

Define→Models→Solver…

该模型应用中假定为不可压流，因此选择了基于压力的求解器。对于计算稳态求解过程，所有的参数都使用默认值。

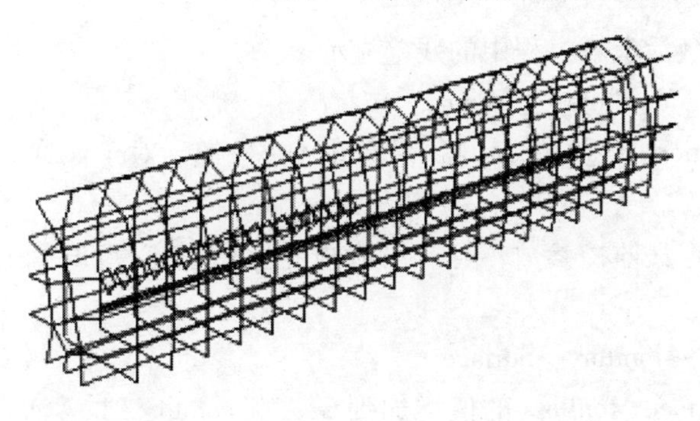

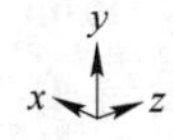

图 5-11　网格显示

（2）激活能量方程。

Define→Models→Energy…

（3）打开标准 $k-\varepsilon$ 湍流模型。

Define→Models→Viscous…

在 Model 列表下选择 k - epsilon（2eqn）。

物质设置：

定义不可压流体的物质数据。

Define→Materials…

该模型空气建模为不可压流体。

D　边界条件设置

（1）增氧通风模型在巷道里面有两个速度出口，即 velocity1 和 velocity2，以及巷道另一端的出口区 fengkou。

Define→Boundary Condition…

在 Zone 下选择 fluid；单击 Set 按钮打开 Fluid 面板；单击 OK 按钮接受 Material Name 的默认选项 air。

（2）选择空气和氧气管道出口的边界条件，在 Inlet 面板上设置 velocity1 的条件，同样的操作设置 velocity 2 的条件。

（3）设置巷道 fengkou 的边界条件。

E　获取稳态解

（1）设置求解参数。

Solve→Control→Solution…

保留对 Under - Relaxation Factor 的默认设置；在 Discretization 列表下，对 Pressure 选择 Standard scheme 项，对 Momentum 选择 Second Order Upwind 项，对 Energy 选择 First Order Upwind 项；对 Pressure - Velocity Coupling 选择 SIMPLE 项，这样会产生较好的收敛性。

（2）激活求解过程中的残差显示。

Solve→Monitors→Residual…

在 Option 下选择 Plot 项，并单击 OK 按钮，对于计算，连续方程的收敛准则为0.001。

（3）定义监控参数，打开出流边界上质量流率和面积加权平均滞止温度的曲线图。

Solve→Monitors→Surface…

对 Surface Monitors 的值增加到 2，对 monitor - 1 激活 Plot、Print 和 Write 选项；在 When 列表下，选择 Iteration 项；单击 Define 按钮，设置 Define Surface Monitor 面板中的表面器监控参数；在 Report Type 列表下选择 Mass Flow Rate 项；在 Surface 列表下选择 pressure - outlet - 1 项，来定义监控器。

（4）保存文件。

File→Write→Case…

在 Case File 下输入保存文件名，并单击 OK 按钮。

（5）在 velocity1 和 velocity2 实现流场的初始化。

Solve→Initialize→Initialize…

从 Compute From 中选择 velocity1 项和 velocity2 项，并输入速度分量的值，单击 Init 关闭面板。

（6）请求进行 150 步迭代。

Solve→Iterate…

经过大约 100 步迭代后，解就可以收敛，其过程分别如图 5 - 12 ~ 图 5 - 14 所示。

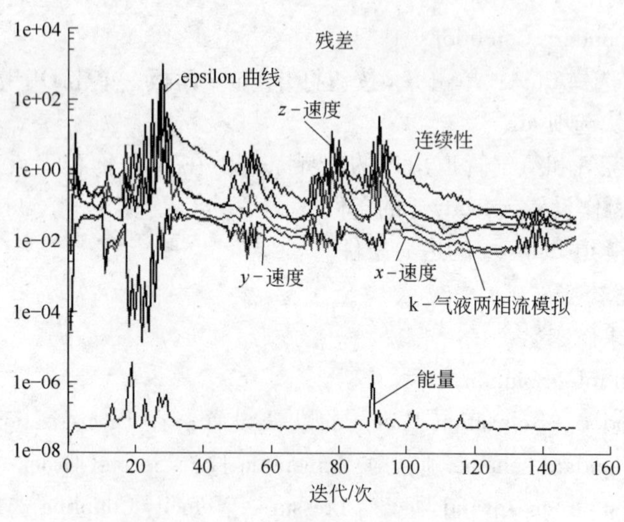

图 5 - 12　稳态增氧模型的残差时间曲线

体积流率时间曲线如图 5－13 所示。

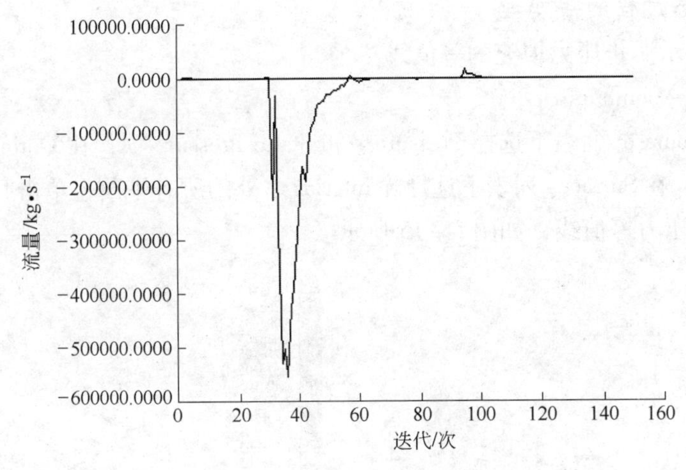

图 5－13 体积流率时间曲线

滞止温度时间曲线如图 5－14 所示。

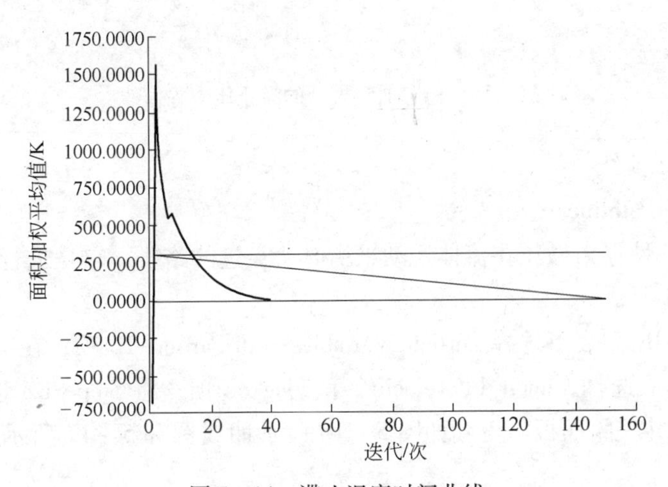

图 5－14 滞止温度时间曲线

（7）检查质量流量的平衡。

Report→Fluxes…

在 Boundaries 下选择 velocity1、velocity2 和 fengkou 项。在 Options 下保持默认的 Mass Flow Rate 选项，并单击 Compute 按钮。净的质量不平衡应当是经过系统的总流量的很小的分数（如 0.5%），如果出现了显著的不平衡，将残差准则至少降低一个数量级，并继续迭代计算。

（8）保存数据文件。

File→Write→Data…

在 Data File 下输入保存文件名，单击 OK 按钮。

F 稳态过程的后处理

(1) 显示滞止压力填充的等值线。

Display→Contours…

在 Contours of 列表下选择 Pressure…和 Static Pressure 项；在 Option 列表下选择 Filled 项；在 Surfaces 列表下选择除 interior 之外的所有平面；单击 Display 按钮来观察滞止压力等值线，如图 5－15 所示。

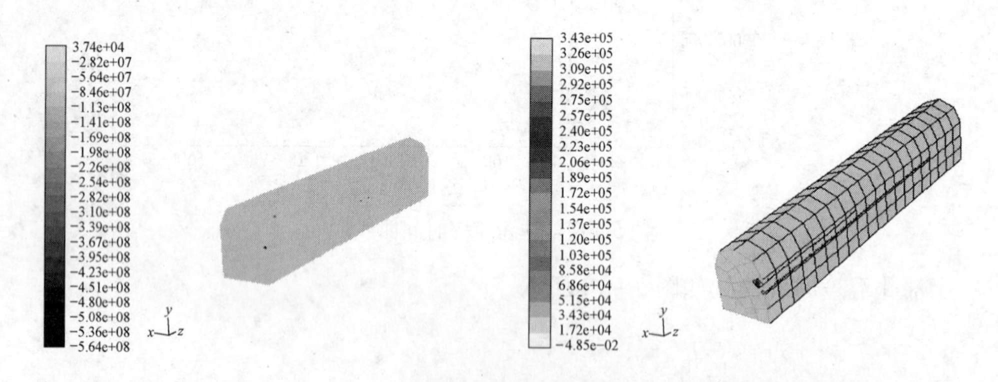

图 5－15 稳态增氧模型的滞止压力等值线

(2) 显示流线。

Display→Pathlines…

流线是中性浮力微粒在流体运动平衡时所经过的路线，它是进行三维流动可视化显示的工具。

在 Color By 列表下选择 Particle Variables…和 Particle ID 项；在 Releases from Surfaces 列表下选择 velocity1、velocity2 和 fengkou 项；将 Step Size 设置为 1cm；单击 Display 并关闭面板，得到如图 5－16 所示曲线图和 5－17 所示速度向量分布图。

5.4.2.3 采掘工作面需风量计算[72]

采掘工作面需风量应按照采掘工作面同时工作的最多人数，采掘工作面同时爆炸的最多炸药量，采掘工作面瓦斯涌出量，采掘工作面良好的气候条件，以及掘进工作面矿尘等方法分别进行计算，然后取其中最大值作为采掘工作面的需风量。

A 按排出炮烟计算风量

简略计算式为：

$$Q_{hp} = 25A$$

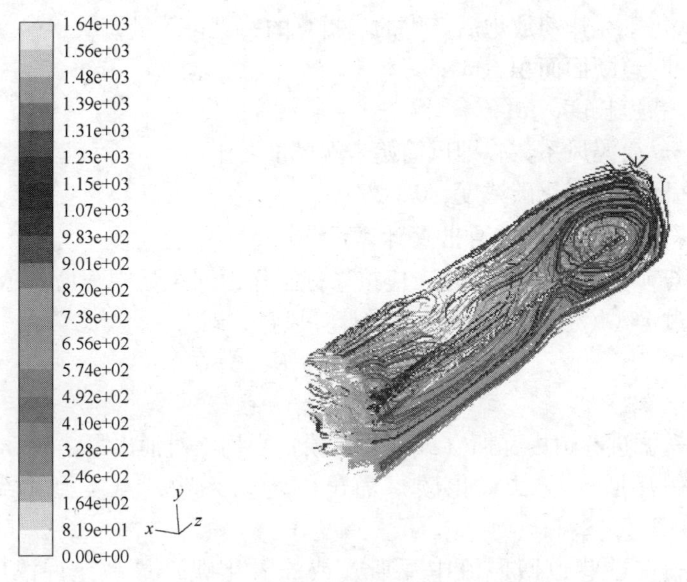

图 5－16 稳态增氧模型的流线曲线图

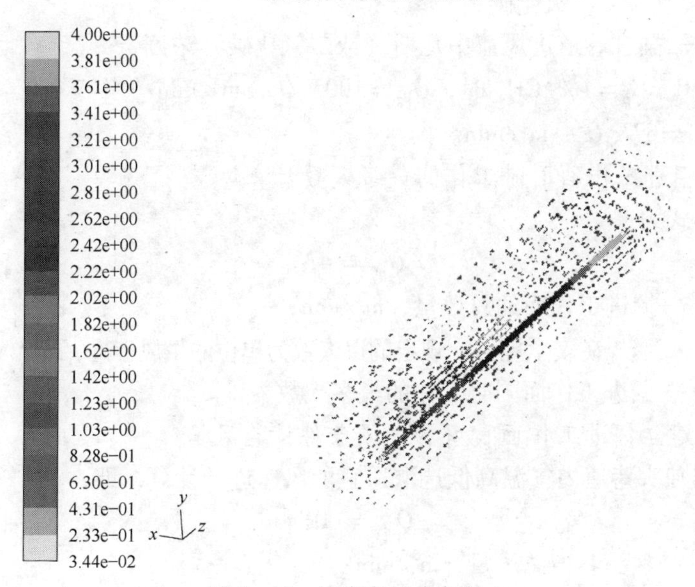

图 5－17 速度向量分布图

当风筒出口到工作面的距离在 L_s 以内时，其迎头风量可按前苏联 B. H. 沃洛宁公式计算，即：

$$Q_{hp} = \frac{0.465}{t}\left(\frac{AbS^2L^2}{P_d^2C_p}\right)^{\frac{1}{3}}$$

式中 A——同时放炮的药量，kg；

t——通风时间，min；

b——每千克炸药放炮后产生的、折算的一氧化碳量，L；

S——巷道断面面积，m^2；

L——巷道长度，m；

P_d——风筒漏风系数，即风筒始末端风量之比；

C_p——回风一氧化碳浓度，0.02%。

B 按采掘工作面瓦斯涌出量计算风量

根据《煤矿安全规程》规定，应按采掘工作面回风流中瓦斯（或二氧化碳）的浓度不超过1%（二氧化碳）的要求计算风量，即

$$Q_{hg} = \frac{100Q_g K_g}{C_p - C_i}$$

式中 Q_g——掘进巷道内瓦斯（或二氧化碳）平均绝对涌出量，m^3/min；

K_g——瓦斯（或二氧化碳）涌出不均匀系数，由实测得到，一般取1.5~2.1；

C_p——掘进巷道回风流中瓦斯（或二氧化碳）最高允许浓度，瓦斯为1%，二氧化碳为1.5%；

C_i——掘进巷道进风流中瓦斯（或二氧化碳）浓度，%。

当$C_i \approx 0$，$C_p = 1\%$ CH_4 时，$Q_{hg} = 100K_g Q_g$，m^3/min；当$C_i \approx 0$，$C_p = 1.5\%$ CH_4 时，$Q_{hg} = 67K_g Q_g$，m^3/min。

C 按掘进工作面同时工作的最多人数计算风量

其计算式为：

$$Q_{nr} = 4N$$

式中 Q_{nr}——掘进工作面的总风量，m^3/min；

4——《煤矿安全规程》规定的以人数为单位的供风标准，$m^3/(min \cdot 人)$；

N——掘进工作面同时工作的最多人数，人。

D 按建立掘进工作面良好的气候条件计算风量

一般按独头巷道内气温高低选取适宜的风速进行计算，即：

$$Q_{nf} = 60Sv$$

式中 Q_{nf}——独头巷道总风量，m^3/min；

S——独头巷道的断面面积，m^2；

v——独头巷道内适宜的风速，m/s，可查表5-8[72]。

表5-8 工作面空气温度与对应风速

工作面温度/℃	风速/$m \cdot s^{-1}$	工作面温度/℃	风速/$m \cdot s^{-1}$
<15	0.3~0.5	20~23	1.0~1.5
15~18	0.5~0.8	23~26	1.5~2.0
18~20	0.8~1.0	26~28	2.0~2.5

E 按最低排尘风速计算风量

掘进工作面排尘需风量为：

$$Q_{nc} = Sv_{min}$$

式中 S——独头巷道的过风断面面积，m^2；

v_{min}——独头巷道要求的最低排尘风速，可取0.15~0.5m/s。

按上述5种因素对独立通风的掘进工作面进行需风量计算，取其中最大值，作为每个掘进工作面的需风量。

此处按照《金属非金属矿山安全规程》（GB 16423—2006）规定，采场断面最高风速取为4m/s，面对工作面通风管风流速度分别为4m/s、3m/s、2m/s，氧气管氧气速度分别为4m/s、3m/s、2m/s时的工况进行分析。

第一种工况，风速为4m/s，氧气速度为4m/s，如图5－18所示。

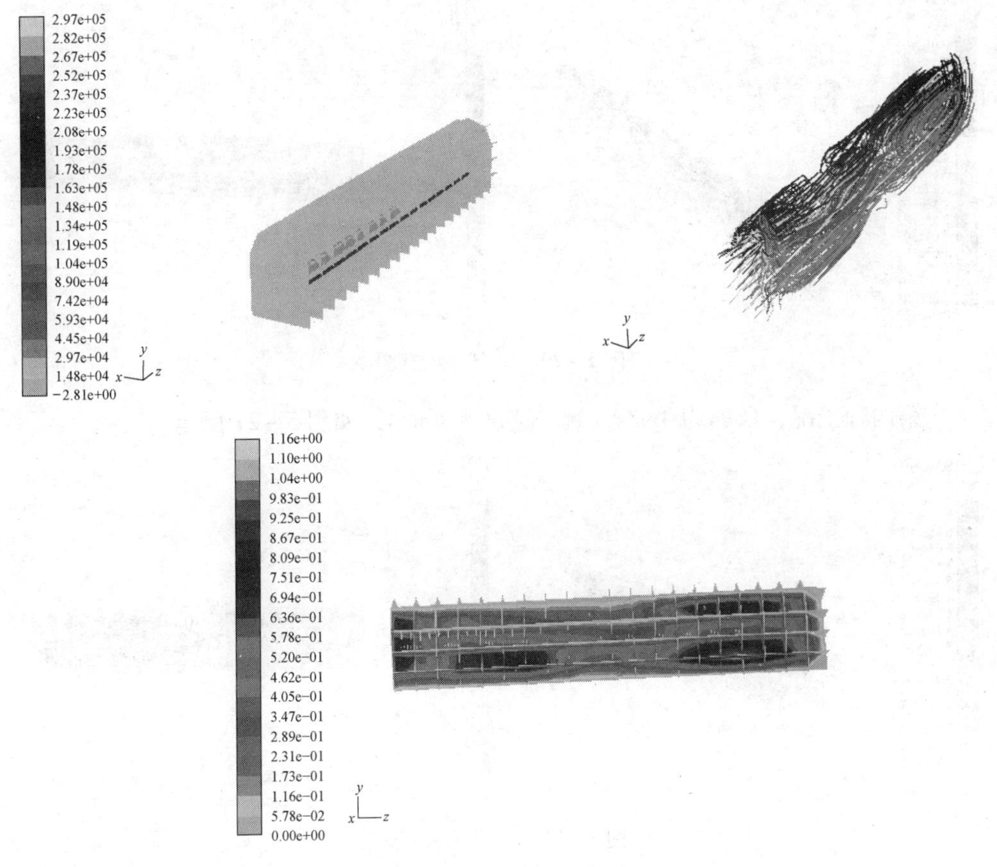

图5－18 工况一示意图

第二种工况，风速为4m/s，氧气速度为3m/s，如图5－19所示。

第三种工况，风速为4m/s，氧气速度为2m/s，如图5－20所示。

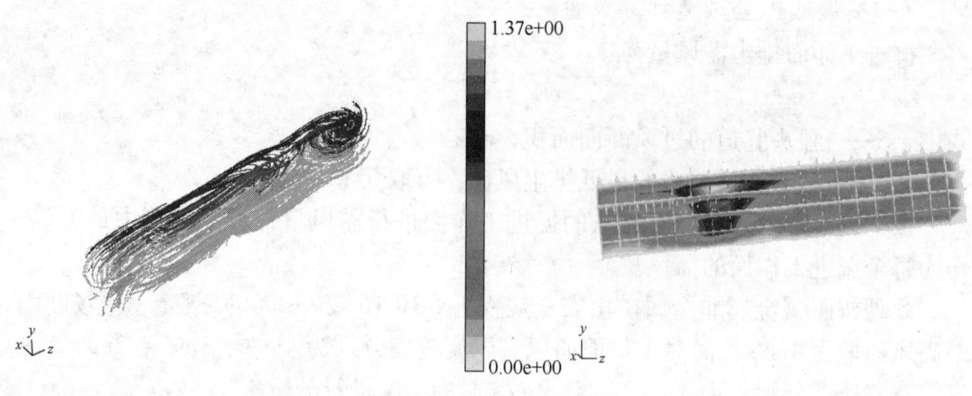

图 5-19　工况二示意图

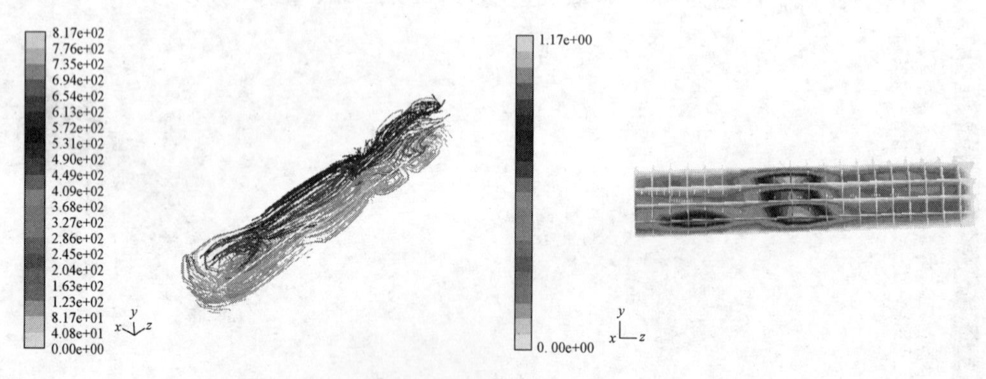

图 5-20　工况三示意图

第四种工况，风速为 3m/s，氧气速度为 4m/s，如图 5-21 所示。

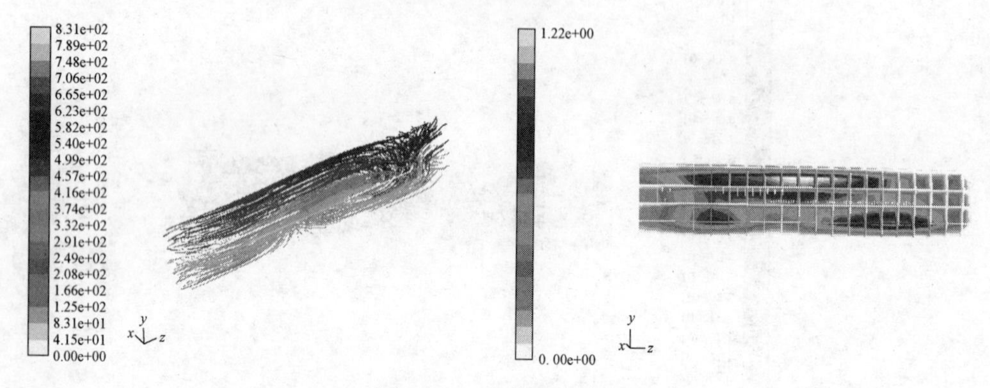

图 5-21　工况四示意图

从对几种不同工况的比较可以看出，通风管风速与氧气管氧气速度相等或接近时增氧效果最好，此时氧气浓度集中在作业工作面 2~3m 的区域内；为了使工作面区域氧气利用效果最佳，可随工作面推进，适时调整氧气管向前移动。

5.5 本章小结

矿井增氧量的大小，不但与人体的耗氧量、矿井外大气的含氧量、矿井内空气的含氧量有关，而且还与矿井内温度、CO_2 的浓度以及新风量等因素有关。经过对这些影响因素的比较分析，从矿井工人的耗氧量、新风耗氧量以及矿井漏风耗氧量三个方面来计算矿井增氧量大小，为矿井采掘工作面实施增氧技术提供依据。根据工程现场要求，选择典型工作面建立增氧通风的巷道几何模型，通过前处理导入计算网格，选择求解方程和流体特性，确定物理模型，选择解法器和设置边界条件，确定计算模型和求解过程，最后通过 FLUENT 软件处理，采用多种方式显示和输出计算结果。

6 井下粉尘及有害气体治理的理论与实践

粉尘是生产过程中所产生的各种矿物微细颗粒的总称，它不仅污染作业环境，降低生产场所的能见度，影响劳动效率和操作安全，而且长期在含粉尘的环境中作业的矿工，由于吸入大量矿尘，轻则会引起呼吸道炎症，重则导致矽肺病，严重影响身心健康和生命安全。同时，粉尘还能加速机械的磨损，影响生产设备的使用寿命；粉尘落入电器设备里有可能因破坏绝缘而发生事故；尤其在矿山井下环境中，粉尘的危害更为严重。

6.1 井下尘毒来源分析

爆破粉尘的来源分为施工准备阶段产生的粉尘和施爆阶段产生的粉尘。施工准备阶段产生粉尘有矿壁表面附着的粉尘、凿岩机钻孔产生粉尘。施爆阶段的粉尘源有岩石破碎产生的粉尘、碎石触地解体时产生的粉尘、由爆炸冲击波引起的积尘等。爆破粉尘具有浓度高、扩散速度快、滞留时间长、在空中分布范围广、带有大量的电荷等特点；而且爆破粉尘粒径分布范围大，既有大直径固体颗粒，也有细微浮游颗粒，其亲水性较强，因此采用湿式除尘会获得较好的效果。

炸药爆炸时产生有毒气体的原因主要有以下几点。

6.1.1 炸药的氧平衡

在井巷掘进爆破进程中，一般使用混合炸药，主要组成元素是碳、氢、氧、氮（某些炸药含有氯、硫、金属及其盐类），其中非爆炸性氧化剂分子或富有氧元素的炸药分子为氧化剂，而非爆炸性可燃剂分子或富有碳、氢元素的炸药分子为燃料，混合炸药爆炸的实质是氧化剂和燃料发生高速化学反应的过程。炸药内含氧量与可燃元素充分氧化所需氧量之间的关系称为氧平衡关系。如果所选炸药中的含氧量恰好能满足可燃元素充分氧化所需氧量（即零氧平衡），此时，氧和可燃元素可以得到充分利用，从理论上讲，炸药爆炸不会产生有毒气体。如果所选炸药为负氧平衡炸药（炸药中含氧量不足），将会产生可燃性的一氧化碳有毒气体。如果所选炸药为正氧平衡炸药（炸药中的含氧量超过可燃元素充分氧化所需的耗氧量），多余的氧在爆炸过程中（高温、高压）与氮发生化学反应，生成氮氧化物有毒气体。

6.1.2 炸药爆炸反应的完全程度

炸药反应的完全程度与炸药组成、成分性质、炸药密度、粒度、装药直径、起爆冲能的大小等因素有关。例如：当炸药组成相同时，粒度越小，混合越均匀，反应就越完全，有毒气体产生量就越小。

6.1.3 周围介质的作用

某些矿物介质可与爆炸产物起化学反应，或者对爆炸产物的二次反应起到催化作用，使有毒气体含量增大。例如在一定条件下，煤可以还原爆炸产物中的二氧化碳为一氧化碳有毒气体。爆炸发生时，含硫的矿石可生成硫的氧化物或硫化氢有毒气体。当周围介质温度较低时，浆状炸药在低温情况下也常出现不完全爆炸或爆轰中断现象，使有毒气体含量大大增加。

工业炸药除少数是无机物外，一般都是有机物，这些有机物不管是单质还是混合物，大多数只含碳、氢、氧、氮4种元素，其中碳、氢是可燃元素，氧是助燃元素，氮是载氧体。所用的工业炸药在发生爆炸时，其中的氧分别与碳、氢发生剧烈的氧化反应，生成爆炸产物。单位质量的炸药中所含的氧元素是否能达到氧平衡，是影响炸药爆破产生有毒有害气体的重要因素。

（1）负氧平衡炸药，在爆炸时生成大量一氧化碳气体，如三硝基甲苯（TNT）的爆炸反应，反应方程式如下：

$$2C_6H_2(NO_2)_3CH_3 \longrightarrow 7CO + 5H_2O + 3N_2 + 7C + 69kJ/mol \qquad (6-1)$$

（2）正氧平衡炸药，在爆炸时则生成大量的氧化氮气体，如硝酸铵的爆炸反应，反应方程式如下：

$$NH_4NO_3 \longrightarrow 2H_2O + N_2 + [O] + 112.9kJ/mol \qquad (6-2)$$

（3）零氧平衡炸药，在爆炸时则不生成有毒气体，如单质炸药二硝化乙二醇的爆炸反应，反应方程式如下：

$$C_2H_4(ONO_2)_2 \longrightarrow 2CO_2 + 2H_2O + N_2 + 988.6kJ/mol \qquad (6-3)$$

对比以上3种不同的氧平衡状况，零氧平衡时，可燃元素充分氧化，生成的热量多，爆能大，而且从理论上讲不生成有毒气体，这是炸药爆炸做功最有利的情况。因此，要求一切工业炸药必须为零氧平衡或接近零氧平衡。对于常用炸药来说，爆炸热效应取决于碳、氢等元素被氧化的程度，下面将从理论上进行分析。

炸药在整个爆炸过程中（包括爆炸生成物进行的二次反应），发生各种不同的反应，生成各种产物，产生热效应。这些反应及其热效应总结如下：

$$C + O_2 \longrightarrow CO_2 + 395.6kJ \qquad (6-4)$$

$$2CO + O_2 \longrightarrow 2CO_2 + 565.4kJ \qquad (6-5)$$

$$2CO_2 + H_2 \longrightarrow CH_4 + CO_2 + 247.2kJ \tag{6-6}$$

$$2H_2 + O_2 \longrightarrow 2H_2O + 483.4kJ \tag{6-7}$$

$$CO + 3H_2 \longrightarrow CH_4 + H_2O(\text{气}) + 241.7kJ \tag{6-8}$$

$$2CO \longrightarrow CO_2 + C + 172.3kJ \tag{6-9}$$

$$CO + H_2 \longrightarrow H_2O + C + 140.1kJ \tag{6-10}$$

$$2C + O_2 \longrightarrow 2CO + 220.8kJ \tag{6-11}$$

$$CO_2 + 2H_2 \longrightarrow 2H_2O + C + 96.6kJ \tag{6-12}$$

$$C + 2H_2 \longrightarrow CH_4 + 74.9kJ \tag{6-13}$$

$$N_2 + 3H_2 \longrightarrow 2NH_4 + 92.0kJ \tag{6-14}$$

$$CO + H_2O \longrightarrow H_2 + CO_2 + 41.0kJ \tag{6-15}$$

$$2H_2O + 2C \longrightarrow CH_4 + CO_2 - 14.6kJ \tag{6-16}$$

$$2N_2 + O_2 \longrightarrow 2N_2O - 407.5kJ \tag{6-17}$$

$$N_2 + O_2 \longrightarrow 2NO - 179.8kJ \tag{6-18}$$

按照最大放热原则，对一定体系，在其一系列能的化学变化中，最为可能发生的是放出热量最大的反应。对于零氧平衡的炸药，碳被氧化成二氧化碳，氢被氧化成水，由式（6－3）、式（6－4）、式（6－7）看出，放出热量最大，产生的有毒气体也最少。正氧平衡的炸药爆炸时，则会发生式(6－2)、式（6－17）、式（6－18）的反应，产生有毒的氮化物气体；负氧平衡的炸药爆炸时，则会发生式（6－1）、式（6－11）、式（6－5）的反应，产生有毒的一氧化碳气体。虽然金属矿山使用的工业炸药大都是零氧或近零氧平衡，但是由于包装材料参与反应、岩石间热交换、反应本身的不完全等因素，造成炸药爆炸系统不能实现零氧平衡。

金属矿山在控制爆破毒气时，一方面应考虑减少炸药产生毒气，另一方面应考虑采取多种预防毒气产生的措施，同时还要采取防止爆破毒气事故的补救措施。只有这样，才能保障井下生产工人的作业安全和身心健康。

6.2 静电除尘技术

电除尘是利用静电力除尘，又称静电除尘。它的基本原理是利用高压放电，使气体电离，粉尘荷电后向收尘极板移动而从气流中分离出来，从而达到净化烟气的目的。一般来说，工业气体中的粉尘可用机械力、空气动力、电力来清除，相应的除尘设备有旋风除尘器、湿式洗涤器、袋式除尘器、静电除尘器与其他除尘设备，其根本区别在于，只有电除尘器才能把作用力直接施加到尘粒上，这就决定了电除尘器具有分离粒子耗能小（0.2～0.4kW·h/1000m^3）、压力损失小（200～500Pa）的特点，另外，电除尘器对细粉尘有较高的捕集效率，处理气量大，能处理腐蚀性气体。电除尘器的这些优点，使其在对烟尘排放浓度要求越来越严格的情况下，得到越来越广泛的应用。在矿山粉尘净化的实际应用中，静电除尘技术得到了越来越多的应用。

6.2.1 静电除尘器粉尘振打

电除尘器以其运行费用低、收尘效率高的特点而受到企业、环境保护产业和管理部门的重视，其在环境保护产品市场上占有很大的份额，应用前景良好[21]。对矿山常见的干式电除尘器来说，沉降粉尘收集的主要方法是机械振打，这一传统的清灰方式随着环境保护要求的日趋严格以及电除尘技术应用范围的不断扩大，已受到严峻的挑战。国内外专家、学者在振打方式、振打部位、振打加速度以及振打制度等方面做了不少研究工作[73~78]，对提高电除尘器的收集效率、减少二次扬尘有一定的效果，但收效不大。

振打效果不好，严重地影响了电除尘器技术的使用范围，尤其是微细粉尘或高比电阻粉尘黏附在收尘极板上。振打清灰严重影响电收尘的除尘效率。而影响振打效果的最主要因素是沉降粉尘的黏结力。虽然国内外一些学者对粉尘的黏结力做了一定研究，但还未能对指导振打清灰产生实际作用。本书对收尘极板上粉尘的受力进行研究分析，通过建立数学模型，从微观角度阐述电介质极化理论和电子逸出功理论、总结影响粉体之间黏结力的各种因素，通过计算机编程综合模拟其影响参数，直观演示粉体黏结力的变化规律。

6.2.2 粉尘极化能力对黏结力的影响

对于自然性质的粉尘黏结力，其电气性质对粉尘黏结力的影响不是很大，但是在静电除尘中由于粉尘受到多种静电力的影响，故粉尘的电气性质对粉尘黏结力的影响很大，甚至是该粉尘能否被静电收集的决定因素。这里主要讨论粉尘的极化能力对黏结力的影响。单位电场作用于真空或电介质时，表示单位体积中所储存的能量大小的量，称为介电常数。电介质的介电常数除以真空中的介电常数而得到的值，叫做相对介电常数。从电介质的极化角度看，介电常数是表征电介质的极化能力参数。电介质的介电常数越大，其极化能力就越强，反之，极化能力就越小。从各种静电力的计算公式可以看出，静电力是随着粉尘介电常数的变大而变大，尤其是极化静电力受其影响最大。此外，呼吸性粉尘在电场中被极化后，在其表面出现束缚电荷，形成电偶极子。极化了的粒子在电场中有时还会结成灰珠串。因此研究讨论粉尘粒子的极化问题是很有必要的。

有关文献[79,80]已经对粒子电极化产生凝并行为做了详细的解释，本章着重从微观角度阐述粉尘的极化机理和极化过程，解释电介质受力的方向趋向。

6.2.2.1 介质在恒定电场中的极化

通常，粉尘粒子在静电场中会沿电场方向产生或大或小的极化，在其表面出现极化电荷。粉尘粒子的极化现象是在粒子荷电的基础上产生的，这种现象对电除尘器的除尘效率尤其是当尘粒很小时的除尘效率有着至关重要的影响。电介质在静电场中与场发生相互作用，在正常情况下，电场不可能使电介质的原子或分子内部的正负电荷产生宏观上的运动，但对微观运动的影响是存在的[81]。

现在讨论什么叫做极化[82]。在平行板电容器中加入一块电介质会增加电容器的电容量（见图6－1）。其原因如下：图6－1a中，真空中两板上加电压V_0后各得面电荷密度为$\pm\sigma_0$，插入电介质，如图6－1b所示，在介质表面感应出极化面电荷密度$-\sigma'$和$+\sigma'$，这样就抵消了电容器内的场强，也就降低了两板上的电位差，因而使电容器继续充电到面电荷密度σ，最后使两板电位差重新到达V_0为止，由于板上的自由电荷σ增大（$\sigma>\sigma_0$），故电容量增大。

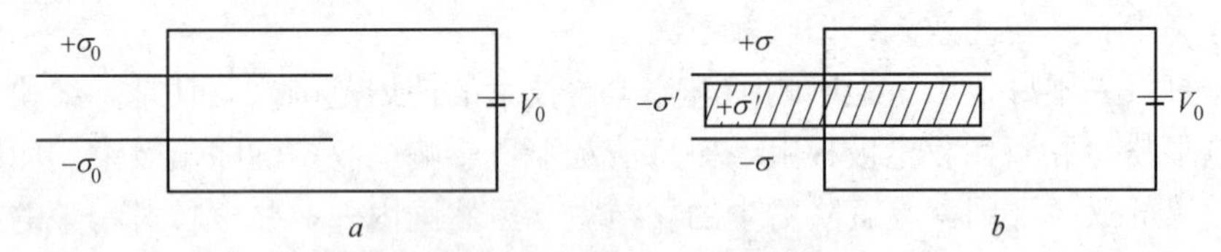

图6－1 微观极化过程

这里仅对介质的非极性分子模型加以讨论。当这种介质分子不放在外电场中，它并不具有电性，即它的负电荷中心（电子云中心）与带正电的核重合，如果放在外电场中，正电荷就要沿着电场方向移动，负电荷就沿着电场反方向移动，正负电荷中心就有一个位移l。为使讨论问题简化，而不影响本质，可认为负电荷不动，而正电荷有一个位移l，这样每个分子就有一个偶极矩$p_{分}=ql$，式中，q为分子正负电荷的绝对值。介质放在外电场中，其内部出现大量定向排列的分子偶极子的过程，叫做介质的极化。从宏观来看，由于介质的极化，在介质内部和表面都可能出现一些新的电荷分布，这些电荷称为极化电荷。极化电荷产生的附加电场叠加在外电场中，改变了空间的电场分布。为了说明介质极化的程度，引入极化强度矢量$\boldsymbol{p}$的概念，它定义为单位体积的介质分子偶极矩的矢量和。设在介质内某处$\Delta\tau$体积内，分子偶极矩的矢量和为$\sum p_{分}$，按定义，该处的极化强度为：

$$p=\lim_{\Delta\tau\to 0}\frac{\sum p_{分}}{\Delta\tau}=n_0 p_{分}$$

式中 n_0——单位体积内的分子数。

电极化过程与物质结构密切相关，为了便于结合物质的微观结构来分析介质的电气性能，可把电介质分成极性电介质和非极性电介质两大类。在没有外电场作用时，其正电荷的作用中心和负电荷的作用中心互相重合的分子，称为非极性分子。由非极性分子构成的电介质称为非极性电介质。另一类分子，在没有外电场作用时，它们的正、负电荷的作用中心就已经不相重合而形成一个电偶极子，称为极性分子。由极性分子构成的电介质即极性电介质。电场作用下极性分子还可能产生诱导极化，但诱导极化通常可以忽略不计[83]。

20世纪20年代，当关于原子结构和分子结构的研究开始发展时，电极化基本过程的研究也随着发展起来了。电极化的三个基本过程是：（1）原子核外电子云的畸变极化；（2）分子中正、负离子的相对位移极化；（3）分子固有电矩的转向极化。在外界电场作用下，介质的相对介电常数 ε 是综合反映这三种微观过程的宏观物理量，它是频率 ω 的函数 $\varepsilon(\omega)$。

6.2.2.2 电介质的微观极化结构

A 极化率

作用于分子的电场强度为 E_i，可以认为分子的平均诱生偶极矩 p_i 与 E_i 成正比，则有：

$$p_i = \alpha E_i \tag{6-19}$$

式中，比例常数 α 称为分子极化率。显然：

$$\alpha = p_i/E_i \tag{6-20}$$

由此可见，分子极化率就等于在单位电场强度（$E_i = 1V/m$）作用下，一个分子在电场方向诱生的电偶极矩。在SI单位中，分子极化率的单位为F·m（法拉·米）。

按参与极化的微观粒子种类的不同，电介质分子极化可分成电子极化、原子极化和偶极子转向极化三类[84]。相应地，极化率也有电子极化率（α_e）、原子极化率（α_a）和偶极子转向极化率（α_d）之分。分子极化率显然应等于各种粒子极化率之和。因此，对于极性电介质，其分子极化率为：

$$\alpha = \alpha_e + \alpha_a + \alpha_d \tag{6-21}$$

而对于非极性介质，由于不存在偶极子转向极化，因而其分子极化率为：

$$\alpha = \alpha_e + \alpha_a \tag{6-22}$$

电子极化和原子极化都是带电粒子沿电场方向做位移形成的，故又统称位移极化。由于这种极化改变了带电粒子的相对位移，故又称变形极化。偶极子转向极化又称转动极化，其由来是很清楚的。

B 电子极化

在外电场作用下，原子中绕核分布的电子云相对于原子核发生位移，由此形成的极化称为电子极化。这里采用简化的原子结构来计算电子极化率。

设原子的原子序数为 Z，在带有正电量（$+Ze$）的原子核周围，有电子云均匀地呈球形分布，电子云的总负电量为（$-Ze$），球的半径也就是原子半径 α_0，e表示一个电子的电量。在外电场 E_i 的作用下，电子云和原子核分别受到方向相反而量值相等的作用力，使电子云的作用中心和原子核的中心发生相对位移，如图 6－2 所示。

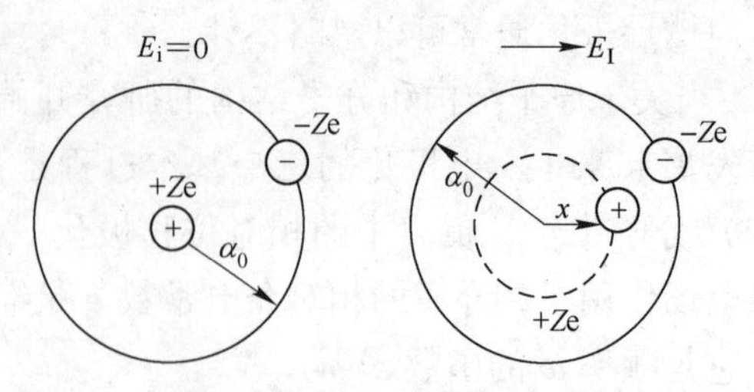

图 6－2 电子云作用中心和原子核的中心位移

设在相对位移过程中，电子云的球形分布维持不变，其重心仍在球心；而原子核则沿电场方向发生位移。则对于原子核来说，在半径为 χ 到半径为 α_0 的球壳内的电子云，对它不施加作用力，而在半径为 χ 的球内的负电荷，对原子核有库仑吸引力，其量值应与外电场对原子核的力相平衡，即

$$ZeE_i = \frac{1}{4\pi\varepsilon_0}\frac{+Ze\left(\dfrac{\frac{4}{3}\pi\chi^3}{\frac{4}{3}\pi\alpha_0^3}Ze\right)}{\chi^2}$$

解之，得：

$$\chi = \frac{4\pi\varepsilon_0\alpha_0^3}{Ze}E_i \tag{6-23}$$

由此可得由于电场作用而诱生的电偶极矩为：

$$p_i = Ze\chi = 4\pi\varepsilon_0\alpha_0^3E_i \tag{6-24}$$

从而得电子极化率

$$\alpha_e(=p/E_i) = 4\pi\varepsilon_0\alpha_0^3 \tag{6-25}$$

电子在原子中的分布与温度无关，因此电子极化率也不随温度变化而变化。

C 原子极化

在外电场作用下，构成分子的原子或离子发生相对位移会导致极化，这种极化称为原子极化。离子晶体的极化，是原子极化的典型例子，图 6－3 为形成原子极化的示意图。

设有一对正、负离子，在没有外电场作用时，处于平衡状态，相互间距离为 d。如有电场 E_i 作用，正、负离子将沿相反方向分别做位移 x_+ 和 x_- 后达到新的平衡，且 $x=x_++x_-$。为简单起见，设负离子不动，正离子沿电场方向做位移 χ，并取正离子所在处为坐标原点。若 $\chi \ll d$，则对于正离子来说，负离子对它的作用力：

$$f = -k_e\chi \tag{6-26}$$

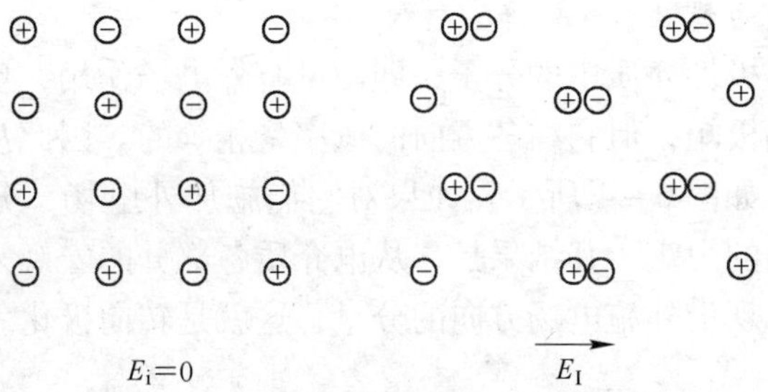

$E_i=0$ E_I

图 6-3 形成原子极化的示意图

在电场 E_i 的作用下，达到新的平衡时，应有：

$$qE_i = k_e \chi \tag{6-27}$$

式中，q 为离子的电量，从而可得诱生电偶极矩：

$$p_i = q\chi = q\frac{qE_i}{k_e} = \frac{q^2}{k_e}E_i \tag{6-28}$$

显然，原子极化率为：

$$\alpha_a = \frac{q^2}{k_e} \tag{6-29}$$

比例常数 k_e 原为表征电荷结合力的一个特性常数，现在求它与其他量的关系。正、负离子在电场 E_i 的作用下有相对位移 dx 后，电场能量的增量为：

$$dw = -f dx \tag{6-30}$$

对公式进行变形，得：

$$\frac{dw}{dx} = -f$$

两边再次求导，得：

$$\frac{d^2w}{dx^2} = k_e \tag{6-31}$$

将式（6-29）代入式（6-31），得：

$$\alpha_a = \frac{q^2}{\frac{d^2w}{dx^2}} \tag{6-32}$$

以离子晶体为例，将晶体比例常数 k_e 代入式（6-32），得：

$$\alpha_a = 4\pi\varepsilon_0 \frac{a^3}{0.58(n-1)} \tag{6-33}$$

式中 n——晶格参数，其值一般为 7~11。

因此，离子极化率和电子极化率的数量级都为 10^{-40}F · m。

离子极化只能在离子晶体中建立，液体或气体介质中不可能发生。一般非离子型介质的原子极化率都很小，通常与电子极化率合并考虑。

D 偶极子转向极化

前面已指出，极性介质中的分子，即使没有外电场作用，也已形成电偶极子并具有一定的电偶极矩，但它在各方向的概率是相等的。因此从宏观来看，合成的电偶极矩为零，如图6-4所示。如果对它们施加外电场，分子偶极子受到向外施电场方向转动的力矩。其结果是，从电介质各部分的宏观来看，合成电偶极矩不再为零，而出现沿外施电场方向的分量，这就是转向极化。

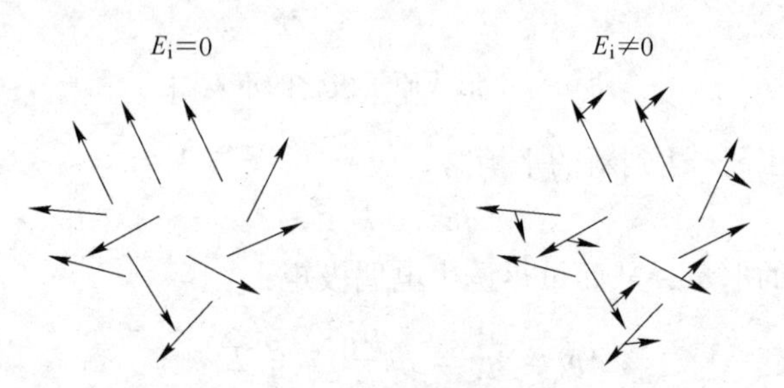

图6-4 施加外电场后电偶极矩的变化

为了求得转向极化率，讨论的对象只限于受外施电场 E_i 作用的自由偶极子分子，即不考虑分子之间的相互作用；同时假设电场不改变永久电偶极矩的量值，即诱生偶极矩忽略不计而假设分子是刚体；最后还假设分子的电偶极矩也不受温度的影响。

在电场 E_i 中，具有电偶极矩 p 的分子的位能为：

$$W_P = -p \cdot E_i = \rho E_i \cos\theta \tag{6-34}$$

根据经典的玻耳兹曼统计规律，在对应于 $d\theta$ 所呈现的立体角 $d\Omega$ 中，与外施电场 E_i 的方向呈交角 θ 的电偶极矩的分子数为

$$dN = A\exp\left(-\frac{W_p}{kT}\right)d\Omega = A\exp\left(\frac{\rho E_i\cos\theta}{kT}\right)d\Omega \tag{6-35}$$

式中，k 为玻耳兹曼常数，其值为 1.38×10^{-23} J/K；T 为绝对温度；A 为比例常数。

由图6-5可求得：

$$d\Omega = \frac{2\pi r\sin\theta r d\theta}{r^2} = 2\pi\sin\theta d\theta \tag{6-36}$$

具有各种角度的电偶极矩的分子总数 N，可通过把式（6-35）对所有方向积分而得；而沿电场方向总电偶极矩，则为由式（6-35）乘以 $\rho\cos\theta$，然后沿所有方向积分而得。因此，沿外施电场 E_i 方向，分子的平均电偶极矩 $<p>E$ 为

$$<p>E = \frac{\int_0^{\pi} p\cos\theta A\exp\left(\frac{pE_i\cos\theta}{kT}\right)2\pi\sin\theta d\theta}{\int_0^{\pi} A\exp\left(\frac{pE_i\cos\theta}{kT}\right)2\pi\sin\theta d\theta} \tag{6-37}$$

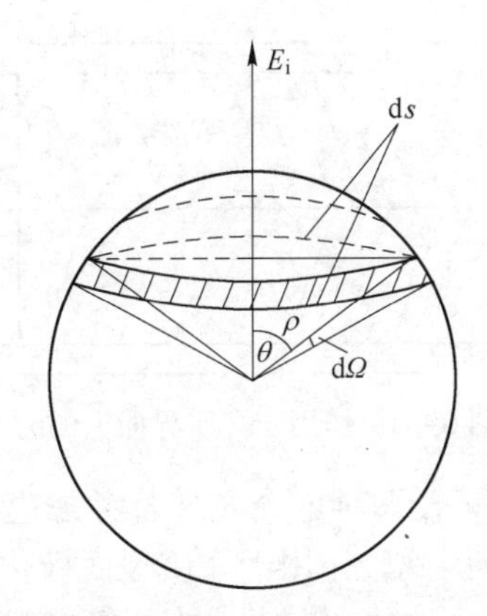

图6-5 立体角与外施电场方向的关系

代入 $a=\rho E_i/kT$ 和 $y=\cos\theta$ 等关系，式（6-37）可写成：

$$\frac{<p>E}{\rho} = (\cos\theta)_E = \frac{\int_{-1}^{1} y e^{ay} dy}{\int_{-1}^{1} e^{ay} dy} \tag{6-38}$$

经过积分简化，可得：

$$\frac{<p>E}{\rho} = \frac{e^a + e^{-a}}{e^a - e^{-a}} - \frac{1}{a} \tag{6-39}$$

因为
$$\frac{e^a + e^{-a}}{e^a - e^{-a}} = \cot a \tag{6-40}$$

所以
$$\frac{<p>E}{\rho} = \cot a - \frac{1}{a} = L(\alpha) \tag{6-41}$$

函数 $L(\alpha)$ 是郎之万在顺磁质理论[85]中引入的，故称为郎之万函数。当 α 值很小时，函数 $L(\alpha)$ 几乎是直线；而当 α 很大时，$L(\alpha)$ 渐近于1。通常，$\alpha \ll 1$。例如，一个电偶极矩为 1.10^{-30}cm 的分子，当它在室温下置于强度为106V/m 的电场中时，其 α 值为：

$$\alpha = 0.8 \times 10^{-3}$$

6.2.2.3 电介质受力分析

真空中的库仑定律反映了点电荷相互作用力的基本规律，是研究静电场的基础。有电介质存在时，用库仑定律表示介质中的点电荷的相互作用是有条件的（即在均匀无限充满电场不为零的介质中才成立），而且作用在介质中电荷上的力，除了电场力之外还有其他的力，只有在这些其他力可以忽略不计的情况下，才能用有介质时的库仑定律表示点电荷的相互作用力。因此，这里先讨论电介质中的力，然后再讨论有和没有电介质时库仑定律的区别。

在静电场中的导体，电力线垂直于表面，导体上的电荷所受的力，也垂直于表面。如图6-6所示。

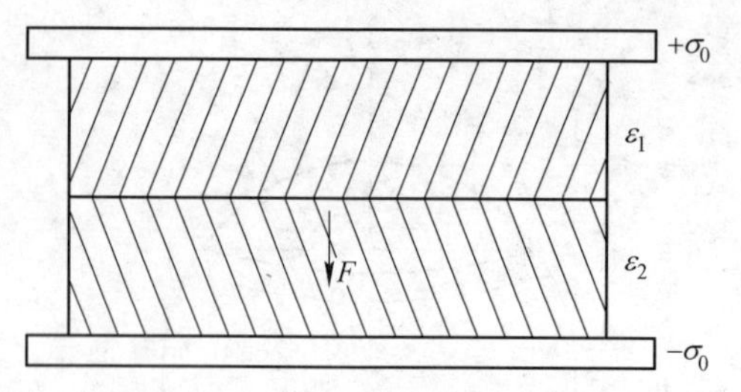

图 6-6 作用于介质界面上的力

平行板电容器内有 ε_1 和 ε_2 两种电介质，若考虑边缘效应，电力线（或电位移线）可以不垂直于表面，因此，作用于介质表面极化电荷的力，除有垂直于介质表面的力外，还有平行于表面的切向力。为了简单起见，我们只考虑场强垂直于电介质表面的情形。如图 6-6 所示，若 $\varepsilon_1 > \varepsilon_2$，则介质界面上的力垂直向下。

A 定性分析

为使讨论更清楚一些，把图 6-6 中介质与电容器极板之间可以忽略不计的空隙夸大，如图 6-7 所示。

$$P = \varepsilon_0 \chi E = \varepsilon_0(\varepsilon_r - 1)\frac{E_0}{\varepsilon_r} = \varepsilon_0\left(1 - \frac{1}{\varepsilon_r}\right)E_0 \qquad (6-42)$$

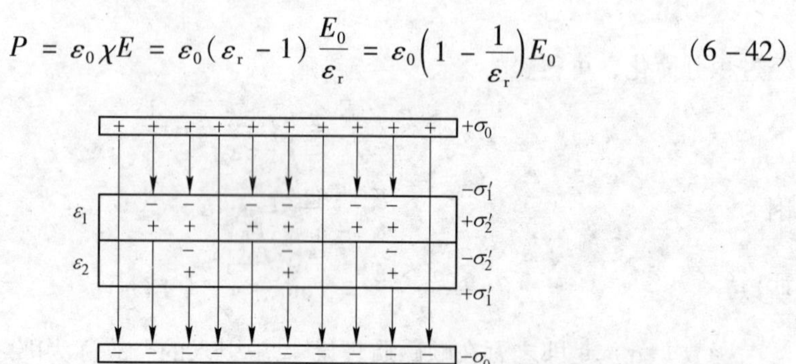

图 6-7 夸大平行板电容器内金属板与介质板间的空隙

因为 $\varepsilon_1 > \varepsilon_2$，所以 $P_1 > P_2$，即 $\sigma'_1 > \sigma'_2$。所以在介质界面有净极化电荷存在，其面极化电荷密度为 $\sigma' = \sigma'_1 - \sigma'_2$。

由图 6-8 可见，在界面上的净极化电荷所受的力 F 向下，即从介电常数大的电介质指向介电常数较小的电介质。

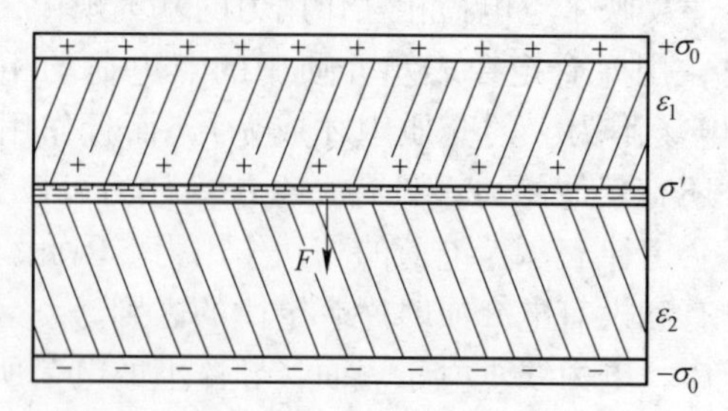

图 6-8 在介质界面正极化电荷所受的力

B 定量计算

设 ε_1 和 ε_2 两层介质的厚度分别为 y_1 和 y_2，如图 6-9 所示。

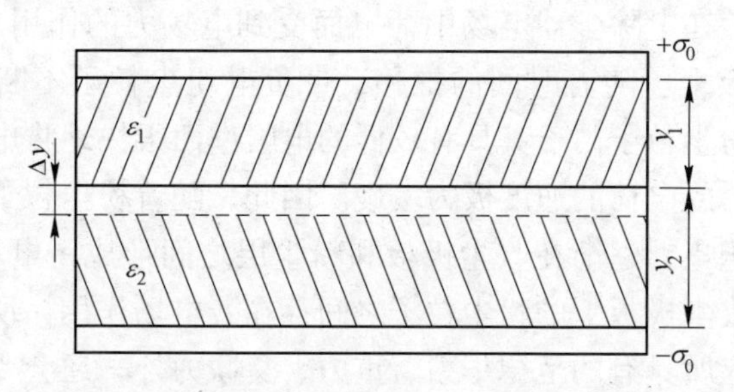

图 6-9 假设两介质的分界面向下做微小的虚位移

若电容器极板固定，则极板间距离为 y_1+y_2。假设两介质的分界面向下做一极小位移 Δy，则厚度 y_1 增加 Δy，厚度 y_2 减少 Δy，这时电场力所做的功为 $F\Delta y$，根据能量守恒定律，此功应等于静电能的减小，即：

$$F\Delta y = -\Delta W \tag{6-43}$$

由虚位移而引起的能量变化为：

$$\begin{aligned}\Delta W &= \frac{\varepsilon_1 E_1^2}{2}[S(y_1+\Delta y)-Sy_1]+\frac{\varepsilon_2 E_2^2}{2}[S(y_2-\Delta y)-Sy_2]\\ &= \frac{1}{2}(\varepsilon_1 E_1^2-\varepsilon_2 E_2^2)S\Delta y\end{aligned} \tag{6-44}$$

式中，S 为平行板的面积（二介质分界面面积）。

将式（6-42）代入式（6-44），则得：

$$F = \frac{1}{2}(\varepsilon_2 E_2^2-\varepsilon_1 E_1^2)S \tag{6-45}$$

由于

$$D = \varepsilon_1 E_1 = \varepsilon_2 E_2 \tag{6-46}$$

式中，D 为电位移线。所以，得：

$$F = \frac{1}{2}(E_2-E_1)DS \tag{6-47}$$

由式（6-46）可知，当 $\varepsilon_1>\varepsilon_2$ 时，可得 $E_1>E_2$，因此，此力由介电常数较大的电介质指向介电常数较小的电介质。

6.2.3 推论

从上述结论可推得，在均匀介质或真空中，把物体（粉尘粒子）放在介电常数与其不同的电介质（另一种粉尘粒子）中，当物体的介电常数大于电介质的介电常数时，它的表面将有指向周围电介质的力，即物体受到张力的作用；反之，当物体的介电常数小于周围电介质的介电常数时，它的表面将有指向表面的力，即物体受到压力的作用。

6.3 影响粉尘黏结力的各种因素

由于矿山粉尘在电除尘器电场中荷电而受到电场力的作用向收尘极板运动，并附着在收尘极板上。随着时间的推移，带负电粉尘粒子不断沉积在收尘极板上。低比电阻的粉尘粒子由于其具有较低的电阻率而很快地将电荷释放掉；而高比电阻粉尘粒子释放电荷的速度极为缓慢。因此，随着粉尘粒子的不断沉积和粉尘表面负电荷的积累，逐渐在收尘极板和粉尘层之间形成一电场强度为 E_d 的电场。由于沉积在收尘极板上的粉尘粒子之间存在着电场作用，所以，除了粒子附着在一般附着面上所具有的范德华力、重力、交联力外，还会受到静电引力、电晕静电力、场强为 E_d 的电场产生的电场力、极化静电力及接触静电力等力的作用。

6.3.1 MATLAB 语言演示黏结力变化趋势的直观性

粉尘粒子之间、粒子与附着面之间产生黏结性是由于受到力的作用而表现出来的[86]。粉尘粒子之间、粒子与附着面之间的相互作用很复杂，特别是电除尘器中收尘极板上沉积粉尘粒子受到的作用力。黏附是由各种性质不同的力引起的，在某些情况下，一种力所引起的作用可能超过其他的力。在气体介质中产生黏附的力有范德华力、电力和附着力。范德华力是在粒子和某个表面直接接触之前出现的，随着分子间的距离加大，吸引力迅速下降，在几个分子直径的距离以内，这种力有显著的影响。它的大小还取决于将要接触的物质的特性和实际的接触面积。改变这些因素中的一种，就可以改变分子力，尤其是在有外加强电场的情况下。

面对这样一个复杂的力与力之间相互影响、相互牵制的动态关系，就不能单纯地考虑诸多因素中的某一因素对黏结力的影响，因为当一种力变化时，很可能其他的力也发生变化，这样，就很难确定最终的粉尘黏结力是变大了还是变小了，这就要求能够通过一种方式，可以直接看到当一种因素变化时，它对各种力的影响分别是多大，这样，就可以直接确定黏结力究竟是变大了还是变小了。

MATLAB 语言是目前在动态系统的建模和仿真等方面应用最广泛的工具之一。全世界有成千上万的工程师都使用它建立动态系统模型，从而解决实际问题。虽然使用 MATLAB 语言（命令）能较为方便地进行各种复杂的数学运算，但系统模型的建立、仿真以及程序的调试仍然是一件耗费时间的事情，所以本书将一些简单的表达式（一般为直线关系）假定为定量，这样就只需要采用 2 ~3 个变量来描述各种力的变化趋势和强弱，从而达到直接了解力变化了多少的目的，从而能够直接确定改变哪一个因素，可以强化粉尘黏结力，也可以直接确定黏结力究竟以什么趋势变化和变化了多少。

6.3.1.1 范德华力 F_v

范德华力是产生表面张力的原因，也是气体不遵循理想气体定律的原因。根据范德华力的形成理论，认为电中性和对称性原子（分子）都具有瞬时偶极，它是由围绕原子核的电子云波动而产生的。由量子理论可以计算所产生的引力，并发现该引力与相互作用的原子或分子之间的距离 Z 的六次方成反比。可以非常近似地假定，该力的作用和周围原子的存在与否无关，因而不受传力介质的影响。

范德华力的大小由下式给出[87,88]：

$$F_v = \frac{H}{6Z^2}\frac{r_1 r_2}{r_1 + r_2} \tag{6-48}$$

式中 H——范德华常数；

Z——接触面分子力的作用距离，m；

r_1，r_2——粉尘粒子半径，m。

若把 r_1 或 r_2 中任意一个趋于无穷大，例如 $r_1 \to \infty$。则变成粒子与平板电极间的情况，

$$F'_v = \frac{Hr_2}{6Z^2} \tag{6-49}$$

所以，要克服范德华力，使附着在收尘极板上的粉尘粒子剥离，需要的振打加速度为 a，

则 $F'_v = m \cdot a$ 即 $F'_v = m \cdot a = \rho_m \cdot V_t \cdot a$

所以

$$a = \frac{H}{8\pi \cdot Z^2 \cdot r_2 \cdot \rho} \tag{6-50}$$

式中 ρ_m——粉尘粒子的密度，g/m^3；

V_t——球形粒子的体积，m^3。

从式（6-50）可以看出，粒子粒径越大，需要的加速度越小；粒子密度越大，需要的加速度也越小。粉尘粒子黏附在收尘极板上，大粒子易收集，小粒子很难收集。从日常生活中也可以知道，越细的粉尘粒子越易黏附在物体的表面上。运用MATLAB语言建立了范德华力变化趋势的三维图像。图6-10为范德华力与粉尘半径变化的关系图。

```
%___________________________________
[X, Y] =meshgrid ( [0.1: 0.1: 10]);
Z = (X*Y)./(X+Y) ;
surf (X, Y, Z,'FaceColor','blue','EdgeColor','none');
camlight left; lighting phong
```

```
view（-15，65)
title（'范德华力'）
xlabel（'r1'）;
ylabel（'r2'）;
zlabel（'范德华力 Fv'）
%______________________________
```

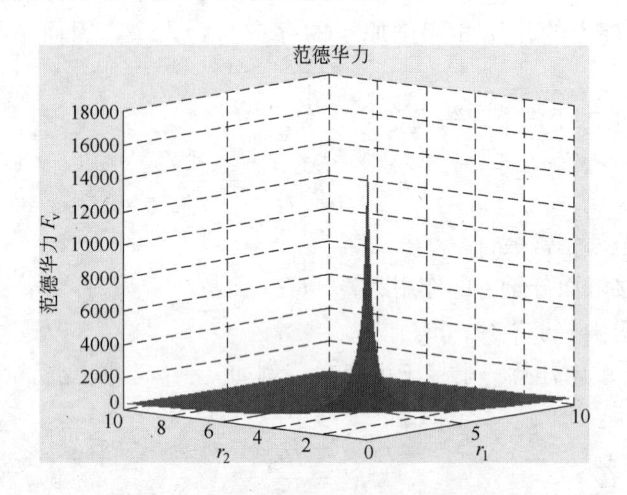

图6－10 范德华力与粉尘半径变化的关系

从图6－10可以看出，任取两个半径数值，它们的交点处即表示范德华力 F_v 的大小，随着半径的减小，范德华力越大，半径值越小，范德华力增大的速度越快。

6.3.1.2 电晕静电力

在电晕场空间，粉尘粒子电场荷电（仅考虑电场荷电）的饱和电荷（认为粉尘粒子在很短的时间内已获得了饱和电荷）[89~91]为：

$$Q_{Ps}=4\pi\varepsilon_0\left(1+2\frac{\varepsilon_d-1}{\varepsilon_d+2}\right)R^2E_0 \qquad (6-51)$$

式中 ε_0——自由空间的真空介电常数，8.85×(10～12)F/m；

ε_d——粉尘粒子的相对介电常数，无因次；

R——粉尘粒子的直径，m；

E_0——未受干扰时的电场强度，V/m。

则粉尘粒子所受的库仑力为：

$$F_d=Q_{Ps}\cdot E_0=4\pi\varepsilon_0\left(1+2\frac{\varepsilon_d-1}{\varepsilon_d+2}\right)\cdot R^2\cdot E_0^2 \qquad (6-52)$$

粉尘粒子在库仑力的作用下向收尘极运动并沉积在收尘极上。

粉尘粒子到达收尘极后所受的电晕静电力（方向指向收尘极）为：

$$F'_{\mathrm{d}} = Q \cdot E_0 = Q_1 \cdot \mathrm{e}^{\frac{-t}{\rho \cdot \varepsilon_{\mathrm{d}}}} \cdot E_0 = 4\pi\varepsilon_0\left(1 + 2\frac{\varepsilon_{\mathrm{d}} - 1}{\varepsilon_{\mathrm{d}} + 2}\right) \cdot R^2 \cdot E_0^2 \cdot \mathrm{e}^{\frac{-t}{\rho \cdot \varepsilon_{\mathrm{d}}}} \tag{6-53}$$

由式（6－53）可知，收尘极板上粉尘粒子所受的电晕静电力是时间的函数。同时，若假定粉尘粒子的介电常数变化不大，则粉尘比电阻的高低就将明显地影响到电晕静电力的大小。对低比电阻粉尘而言，由于其具有较好的导电性，所携带的负电荷很快就通过收尘极板泄漏掉，并由静电感应而带上与收尘极相同的正电荷。此时，粉尘粒子所受电晕静电力的方向与原先相反，是斥力。该力试图使粉尘脱离收尘极板而返回气流。对于高比电阻粉尘，实际上也存在上述现象，只不过这种现象出现得更晚些，因为其静电荷泄漏速度比低比电阻粉尘慢。运用MATLAB语言建立了电晕静电力变化趋势的三维图像程序。图6－11为电晕静电力变化图。

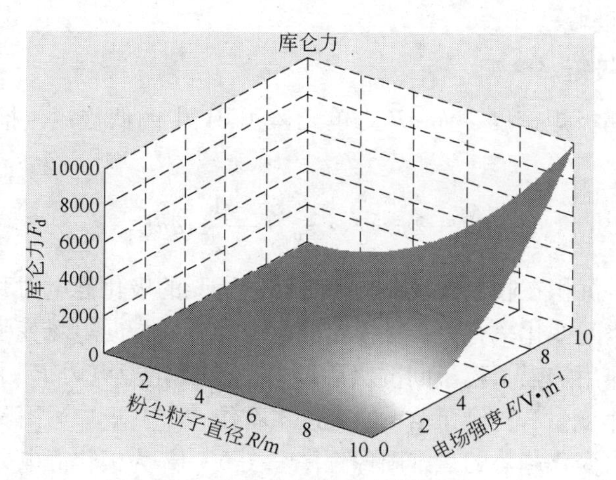

图6－11　电晕静电力变化图

```
%______________________________
[X, Y] =meshgrid ( [0: 0.1: 10]);
Z=X.^2.*Y.^2;
surf (X, Y, Z,'FaceColor','blue','EdgeColor','none');
camlight left; lighting phong
view (-15, 65)
title ('库仑力')
xlabel ('粉尘粒子直径 R');
ylabel ('电场强度 E');
zlabel ('库仑力 Fd')
%______________________________
```

通过图6－11可以任意选取粉尘粒子的直径所在的平面和电场强度所在的平面，两个平面的交点，即为此种情况下的库仑力。可以看出，库仑力并不是单一的随粒子直径和电场强度变化而变化的，它的变化也随电场强度的大小而产生大小不同的变化。

6.3.1.3 极化静电力

无论是无极分子还是有极分子，只要其处于电场中都会发生极化现象。因此，被极化的粉尘粒子，将受到感应力的作用。为计算这样的感应力，不妨先分析一个偶极子的受力情况，进而求出尘粒所受的感应力。

具有偶极矩 $\mathrm{d}\vec{P}=q\cdot\mathrm{d}\vec{L}$ 的偶极子在电场中所受的力为：

$$\mathrm{d}\vec{F} = q\cdot\mathrm{d}\vec{E_{\mathrm{d}}}$$

式中 q——电荷；

$\mathrm{d}\vec{L}$——偶极臂；

$\mathrm{d}\vec{P}$——偶极矩。

假设$\vec{P}$为偶极矩密度，而 $\mathrm{d}\vec{P}$ 为单元体积 $\mathrm{d}V$ 中的偶极矩，推导可得极化静电力

$$F_{\mathrm{g}} = 2\pi\cdot r^{3}\cdot\varepsilon_{0}\frac{\varepsilon_{\mathrm{d}}-1}{\varepsilon_{\mathrm{d}}+2}gradE_{\mathrm{d}}^{2} \tag{6－54}$$

由此可见，沉积在收尘极板上的粉尘粒子所受的极化静电力和它所在处的电场强度平方的空间变化率有关，且极化静电力的方向指向电场变强的方向。这一极化静电力的作用加强了粒子间的吸引凝并。在极化静电力 F_{g} 中，可以把电场强度 E 看作一个变量，把余下含 r 的表达式看作一个变量。运用MATLAB语言建立了极化静电力变化趋势的二维图像程序。图6－12为极化静电力变化图。

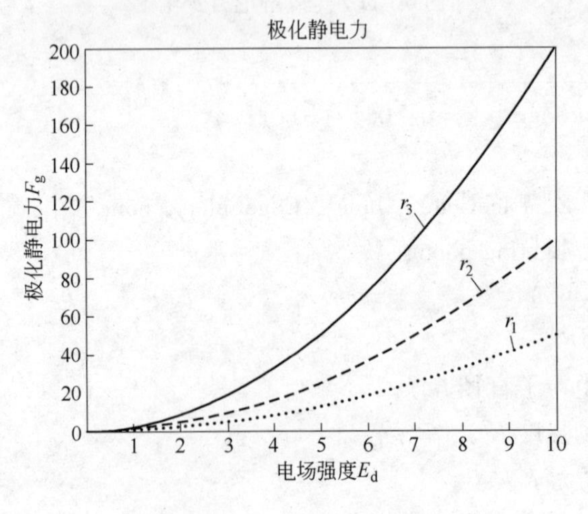

图6－12 极化静电力变化图

```
%______________________________
x=0:.1:10;
y=0.5*x.^2;
plot (x, y,'g')
hold on
y=x.^2;
plot (x, y,'b')
y=2*x.^2;
plot (x, y,'r')
hold off
title ('极化静电力')
xlabel ('电场强度E_d');
ylabel ('极化静电力F_g');
%______________________________
```

图6-12中，r_1、r_2、r_3 分别表示半径 r 依次增大时，极化静电力 F_g 的变化情况，从图6-12可以看出，随着电场强度的增大，极化静电力呈抛物线形状增长，并且随着 $2\pi \cdot r^3 \cdot \varepsilon_0 \dfrac{\varepsilon_d - 1}{\varepsilon_d + 2} grad$ 的增大，极化静电力受电场强度的影响也增大。

A 静电引力

当粉尘表面产生电容时，由于接触电阻，粉尘间电流引起电位下降，产生了静电引力，假设粉尘粒子是球形的，如图6-13所示。

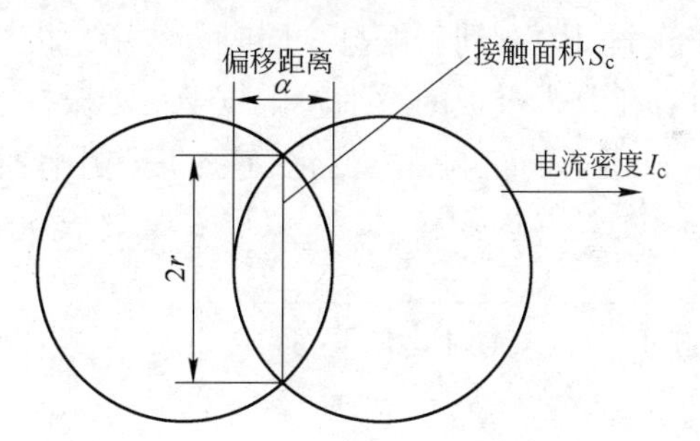

图6-13 两球形粒子的接触模型

利用Hert'z接触理论公式[92]，偏移距离 α 为：

$$\alpha = \left(\frac{F_J}{n_z}\right)^{\frac{2}{3}} \tag{6-55}$$

接触电阻 R_c：

$$R_c = \frac{1}{2}\rho_d\left(\frac{E_y}{F_J \cdot r}\right)^{\frac{1}{3}} \tag{6-56}$$

接触电阻 R_c 通过偏移距离 α 来描述接触表面比电阻 ρ_c

$$\rho_c = R_c \frac{S_c}{\alpha} \tag{6-57}$$

$$n_z = \left[\frac{16}{9\pi^2} \cdot \frac{R_1 \cdot R_2}{(K_1 + K_2)^2 \cdot (R_1 + R_2)}\right]^{\frac{1}{2}} \tag{6-58}$$

$$K_1 = \frac{1 - V_1^2}{\pi \cdot E_y} \qquad K_2 = \frac{1 - V_2^2}{\pi \cdot E_y}$$

式中，K_1 和 K_2 为与物质的杨氏模量 E_y、泊松比 ν 有关的变量。杨氏模量 E_y 约为 7×10^{10}Pa，泊松比 $\nu_1 = \nu_2 = 0.14$ 。

静电引力表达式如下：

$$F_J = \frac{1}{2}\varepsilon_c \cdot E_c \cdot S_c = \frac{1}{2}\varepsilon_c \cdot \rho_c^2 \cdot I_c^2 \cdot S_c \tag{6-59}$$

式中 ρ_c——粒子接触表面比电阻，Ω·cm；
ρ_d——粉尘比电阻，Ω·cm；
S_c——接触面积，m^2；
E_c——接触面场强，V/m；
I_c——接触面的电流密度，A/m^2；
ε_c——接触面的介电常数，F/m。

所以，粒子接触电阻和电流密度越大，静电引力越大。由于静电引力的作用，粒子更容易黏结在一起，形成大粒子[66]（甚至形成条状或块状的粉尘团）。这就意味着粒子间的静电引力有利于振打。同时，粒子与极板间也有很小的静电引力，因此，一些附着在收尘极板的微细粉尘粒子很难振打下来。

运用 MATLAB 语言建立了静电引力变化趋势的三维图像程序。图 6-14 为静电引力变化图。

```
%______________________________________
[x, y] =meshgrid ([0: 0.1: 10]);
z=x.^2.*y;
surf (X, Y, Z,'FaceColor','blue','EdgeColor','none');
camlight left; lighting phong
view (-15, 65)
title ('静电引力')
xlabel ('接触面电流密度 Ic');
ylabel ('接触面积 Sc');
zlabel ('静电引力 Fj')
%______________________________________
```

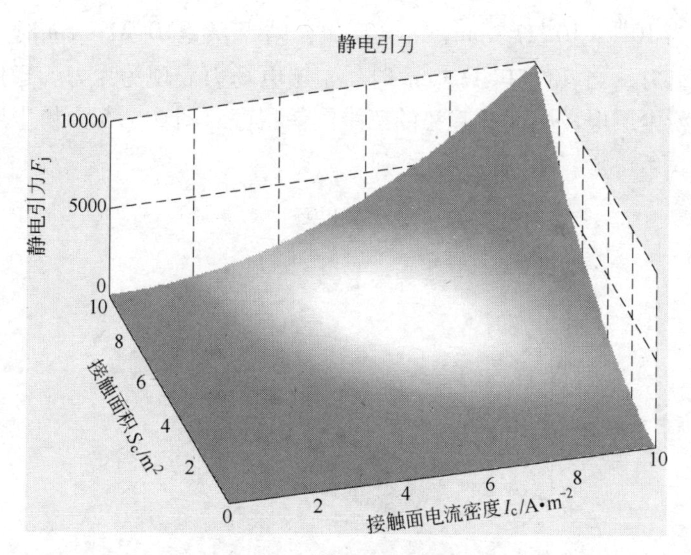

图6-14 静电引力变化图

在图6-14中，可以任意选取粉尘粒子的接触面积所在的平面和接触面电流密度所在的平面，两个平面的交点即为此种情况下的静电引力。可以看出，静电引力并不是单一的随接触面积和接触面电流密度变化而变化的，它的变化大体呈抛物线的形状。从图中通过寻找接触面积 S_c 和接触面电流密度 I_c 相交的最高点可以直接确定如何调节电流和接触面积使静电力达到最大值。

B 粉尘层电场力

在粒子层的表面还存在等于粒子层内部场强产生的作用力与尘层表面附近场强产生的作用力。

$$F_e = \frac{1}{2} \cdot \varepsilon_0 \cdot (\varepsilon_d \cdot E_d^2 - E_p^2) = \frac{1}{2} \cdot \varepsilon_0 \cdot (\varepsilon_d \cdot \rho_d^2 - \rho_p^2) \cdot i^2 \quad (6-60)$$

式中 i——电流密度，A/m²；

ρ_d——粉尘层比电阻，Ω·cm；

ρ_p——收尘空间（电场空间）的比电阻，Ω·cm；

ε_0——真空的介电常数，F/m；

ε_d——粉尘的相对介电常数；

E_d——粉尘层内部场强，V/m；

E_p——收尘空间的场强，V/m。

式（6-60）的前项为斥力，后项为引力。当前项大于后项时，表现为斥力；当前项小于后项时，表现为引力。即：

当 $\varepsilon_d \cdot \rho_d^2 > \rho_p^2$ 时，F_e 粉尘层电场力表现为引力；

当 $\varepsilon_d \cdot \rho_d^2 < \rho_p^2$ 时，F_e 粉尘层电场力表现为斥力。

ρ_p 通常为 $10^{10} \sim 10^{11}\Omega \cdot cm$，$\varepsilon_r = 2 \sim 4$，则当 $\rho_d \geqslant 10^{10}\Omega \cdot cm$ 时，粉尘层电场力表现为引力；当 $\rho_d < 10^{11}\Omega \cdot cm$ 时，尘层电场力表现为斥力。运用 MATLAB 语言建立了粉尘层电场力变化趋势的三维图像程序。图 6－15 为粉尘层电场力变化图。

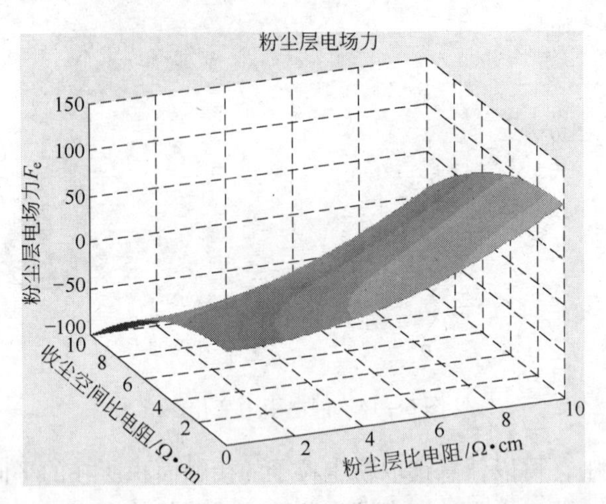

图 6－15 粉尘层电场力变化图

```
%________________________________
[x, y] = meshgrid ([0: 0.1: 10]);
z=1.1*x.^2-y.^2;
surf (x, y, z,'FaceColor','blue','EdgeColor','none');
camlight left; lighting phong
view (-15, 65)
title ('粉尘层电场力')
xlabel ('粉尘层比电阻');
ylabel ('收尘空间比电阻');
zlabel ('粉尘层电场力 Fe')
%________________________________
```

在图 6－15 中，可以任意选取收尘空间比电阻所在的平面和粉尘层比电阻所在的平面，两个平面的交点即为此种情况下的粉尘层电场力。可以看出，粉尘层电场力的变化并不是单一的，它在不同情况下有引力和斥力（上文已说明），同时也可看出，随着收尘空间比电阻和粉尘层比电阻的增大，粉尘层电场力并不是一直增大，有时甚至会出现减小的现象。

C 接触静电力

为分析沉积粉尘粒子与金属极板间因紧密接触而产生的静电力的大小，可以先考察两物质接触界面上的电荷密度 σ 的大小。因为 σ 是表征物质带电情况的重要参数之一。

在宏观上，可以把沉积在收尘极板上的粉尘层视为均匀电介质，对金属收尘极板而言，由接触而产生的正电荷集中在表面，设其面电荷密度为σ；对粉尘电介质，电荷分布在厚度为L的沉积粉尘层内，设其体电荷密度为λ。在两物质接触的界面上取一端面积为S，垂直于界面的封闭柱面。运用高斯定理可以得到

$$\oint_S \varepsilon_d \cdot E \cdot dS = Q \tag{6-61}$$

式中，Q为封闭柱面内的电荷量，C；E为封闭柱面内的电场强度，V/m。

考虑到金属极板内的电场强度为零，沉积粉尘层因接触电位差存在而产生的电场也可视为均匀，且方向与柱面方向一致，因此，式（6－61）左边积分为：

$$\oint_S \varepsilon_d \cdot E \cdot dS = \varepsilon_d \cdot E_h \cdot S \tag{6-62}$$

式中　E_h——沉积粉尘层内离界面h处的电场强度，V/m。

$$Q = \sigma \cdot S + \lambda \cdot h \cdot S \tag{6-63}$$

因为$\sigma = -\lambda \cdot L$，由式（6－62）、式（6－63）可得：

$$E_h = \frac{Q}{\varepsilon_d \cdot S} = \frac{1}{\varepsilon_d}(\sigma + \lambda \cdot h) = \frac{\lambda}{\varepsilon_d}(h - L) \tag{6-64}$$

又因为在厚度为L的沉积粉尘层内部所产生的接触电位差为：

$$\int_0^L E_h dh = \int_0^L \frac{\lambda}{\varepsilon_d}(h - L) dh = \frac{\lambda \cdot L^2}{2\varepsilon_d}$$

令W_1和W_2分别为金属极板和沉积粉尘层的逸出功，e为电子，则有：

$$-\frac{\lambda \cdot L^2}{2\varepsilon_d} = \frac{W_2 - W_1}{e} \tag{6-65}$$

由式（6－65）可得沉积粉尘层单位面积上的接触静电力：

$$F_c = \sigma \cdot E = \frac{2\varepsilon_d}{e \cdot L} E(W_2 - W_1) \tag{6-66}$$

这一静电力是阻止微细粉尘脱离收尘极板的一个重要因素，它严重地影响振打清灰。运用 MATLAB 语言建立了接触静电力变化趋势的三维图像程序。图6－16为接触静电力变化图。

```
%______________________________________
[x, y] =meshgrid ([0: 0.1: 10]);
z=2* (x-1.3) ./y;
surf (x, y, z,'FaceColor','blue','EdgeColor','none');
camlight left; lighting phong
view (-15, 65)
title ('接触静电力')
```

```
xlabel ('粉尘层逸出功 W2');
ylabel ('粉尘层厚度 L');
zlabel ('接触静电力 Fc')
%
```

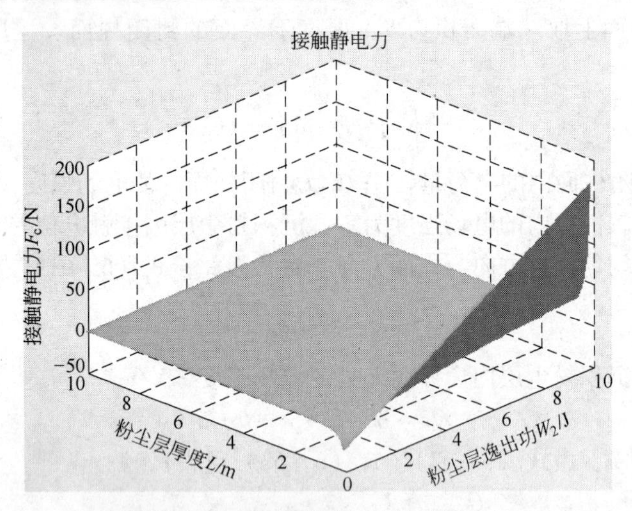

图 6-16 接触静电力变化图

在图 6-16 中，可以任意选取粉尘层厚度 L 所在的平面和粉尘层逸出功所在的平面，两个平面的交点即为此种情况下的接触静电力。可以看出，接触静电力的变化并不是单一的，随着粉尘层厚度和粉尘层逸出功的增大，粉尘层电场力并不是一直增大，有时甚至会出现减小的现象和突然增大的现象。

6.3.1.4 其他的几种力

固体颗粒是容易聚在一起的，尤其当颗粒很细时。这说明颗粒之间存在着附着力。颗粒的聚集情况对粉体的摩擦特性、流动性、分散性能和压制性能起着重要的作用。

静电除尘器系统中，粉尘间的黏结力除以上说明的力外，还有下面几种，有时这几种力同时存在。

A 附着水分的毛细管力

实际的粉尘往往含有水分。所含的水分有化合水分（如结晶水）、表面吸附水分和附着水分。附着水分是指两个颗粒接触点附近的毛细管水分（图 6-17）。水的表面张力的收缩作用将引起对两个颗粒之间的牵引力，称为毛细管力。由于负压时两个颗粒相互吸引，因此将该负压称为毛细管压力。随着粉尘半径的减小，粉尘本身的质量也在减小，因而附着力与

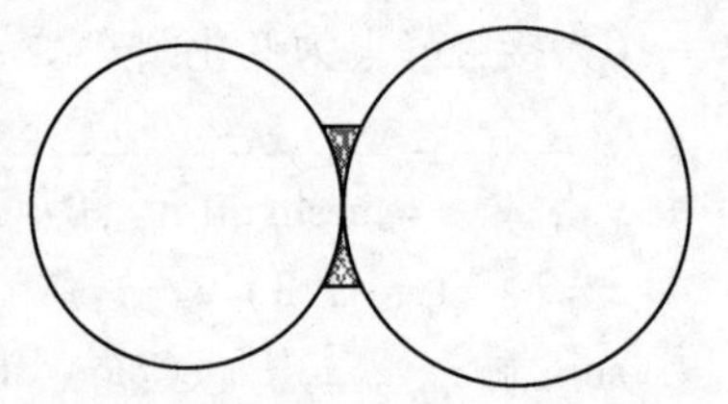

图 6-17 颗粒间的附着水分

自重比值增大，颗粒越小，越容易附着聚集。

B 由颗粒表面不平滑引起的机械咬合力

两个颗粒间的引力或颗粒与固体平面的引力可以用高灵敏度的弹簧秤或天平测量。测量颗粒与平面间的引力也可以采用离心法。颗粒间的引力还可以借助测量粉末层的破断力，根据其所含接触点的数目进行估算[93]。颗粒间越不平滑，其机械咬合力越大。

6.3.2 小结

从上面的分析来看，这几种力都在一定的程度上影响粉尘黏结力。它们都受电气参数如电场强度的影响。我们进行了计算机编程，通过三维和二维图像，更直观地演示了粉尘黏结力的变化趋势。

6.4 矿山尘毒治理实例

这里以玲珑金矿为例介绍尘毒治理。玲珑金矿是我国最大的黄金矿山之一，是山东黄金集团有限公司下属的核心企业，位于山东省招远市玲珑镇，矿部距市区16km。以招平断裂、破头青断裂、玲珑断裂、莱山断裂对矿田的控制作用，划分为西山、东山、玲南（台上）、东风四大矿床。矿田内有大小矿脉543条。一般长数十米至数千米，规模最大的是Ⅰ级断裂构造控制的171号脉（破头青断裂）、208号脉（招平断裂）。走向长度大于1000m的矿脉有50条。矿脉严格受断裂构造控制，矿体赋存于矿脉之中，矿体的大小与矿脉的规模、形态和性质有关。矿脉岩石自然类型可分为石英脉、黄铁绢英岩脉、黄铁绢英岩化花岗岩脉、碎裂岩脉等。

6.4.1 典型矿山尘毒现状

大多数矿山由于矿床赋存条件极为复杂，几十条平行细矿脉，矿区的横向范围几乎大于矿脉的走向长度。由于生产过程中多为中段作业，加之民采破坏、生产任务紧迫等原因，难以形成一个合理的通风系统，致使井下采、掘作业面之间污风串联十分严重，虽经整治但仍有些地点的污风串联问题难以解决。井下爆破地点主要集中在巷道掘进和采场爆破，爆破所用炸药为硝化炸药和膨化炸药混合使用，爆破后产尘量大，同时由于氧平衡问题，产生了大量的有毒有害气体，如一氧化碳、一氧化氮、二氧化氮、硫化氢等。这些尘毒严重影响井下作业效率，对作业人员的身体健康也构成严重威胁。

通过对众多矿山现场测得数据可以看出，爆破后产生的粉尘浓度很大，长期接触粉尘，井下作业人员势必会患类似矽肺的职业病。爆破后产生的有毒有害气体浓度相当大，对人体也会产生很大危害。在现场调查和测量所得数据的基础上，总结出井下尘毒存在以下主要问题：

（1）爆破粉尘的来源主要为施工准备阶段产生的粉尘和施爆阶段产生的粉尘。施工准备阶段产生的粉尘有矿壁表面附着的粉尘、凿岩机钻孔产生的粉尘。施爆阶段的主要尘源有岩石破碎产生的粉尘、碎石触地解体时产生的粉尘、由爆炸冲击波引起的积尘等。爆破粉尘其亲水性较强，因此采用湿式除尘会获得较好的效果。

（2）很多矿山所用炸药为膨化炸药和乳化炸药的混合炸药，只含碳、氢、氧、氮4种元素，其中碳、氢是可燃元素，氧是助燃元素，氮是载氧体。炸药在发生爆炸时，其中的氧分别与碳、氢发生剧烈的氧化反应，生成爆炸产物。单位质量的炸药中所含的氧元素是否能达到氧平衡，是影响炸药爆破产生有毒有害气体的重要因素。通过测量数据可以看出，一氧化碳浓度很高，说明炸药在爆炸时处于负氧平衡状态。

（3）实际测量尘毒时，同时也测量了爆破后测点的通风情况，发现爆破后，虽然打开风机，但风速非常小，仅为0.1～0.2m/s，这就导致爆破后粉尘和毒害气体不能及时排出，而是长时间滞留在工作面附近，这样，既延长了爆破后工作人员进入工作面作业的等待时间，又不利于降低粉尘和毒害气体浓度。

6.4.2 尘毒治理方案选择

6.4.2.1 方案选择原则

（1）根据现场生产实际，因地制宜，使除尘、除毒害气体效果达到最优化。

（2）选择技术先进、工作可靠、高效节能的除尘设备；优化现场尘源控制管网、密封的布置，尽量做到不妨碍生产操作和设备检修。

（3）在技改方案设计时要考虑到现场生产设备的振动、冲击以及粉尘堆积等因素的影响，确保除尘系统长周期稳定运转，并易于维护。

（4）遵循投资省、运营费用低、易于现场实施的原则。

（5）合理安排、统筹设计，协调施工，尽可能将技术改造工程对生产的影响降至最低程度，尽快使除尘、除毒害气体技改成果应用于生产。

通常，对于金属矿山，井下作业场所爆破后除粉尘、除有毒有害气体具体选择方案需根据矿山实际情况而定。

6.4.2.2 除尘技术方案的确定

采取采、掘作业面爆破降尘、除毒技术措施，将爆破后产生的粉尘和有毒有害气体降到最低限度，加之新鲜风流的稀释作用减轻处于下游采、掘作业面的污染程度，为下游采、掘作业面创造较好的作业环境。在除尘设备选择设计中，首先考虑了几种除尘方案，为此，购置了水射流除尘装置、多功能自动喷雾器、组合式旋切雾化器以及喷雾喷头、风水喷头、水质过滤器、高压远程喷头和水炮泥袋等设备。在设备实用效果检验中发现，由于井下作业的不确定因素太多，而部分装置对外界条件的要求太高（如风水联动除尘技术要求供给除尘设备的风压和水压必须完全平衡，否则无法达到除尘效果），另外水射流除尘装置和多功能自动喷雾器耗水高、耗电高，在玲珑金矿的除尘应用中，实用性不强；根据玲珑金矿掘进面爆破和采场爆破的时间情况，在经过多次重复实验后，以经济、有效、便捷为前提，最终采取水封爆破和水雾除尘两种方法联合应用的除尘降毒措施。

6.4.2.3 炸药的配比计算

设炸药由 A、B 两种组分配比而成，并且已知 A 与 B 组分的氧平衡率分别为 a、b。要配制的矿用炸药氧平衡率为 c。A、B 在炸药中所占的百分比用 x、y 表示。根据条件可得联立方程：

$$x + y = 1 \tag{6-67}$$

$$ax + by = c \tag{6-68}$$

解联立方程可得：

$$x = \frac{c-b}{a-b} \times 100\%$$

$$y = \frac{a-c}{a-b} \times 100\%$$

玲珑金矿在进行爆破时，多采用膨化炸药和乳化炸药组合爆破的方式。查阅炸药及燃料氧平衡手册可知，膨化炸药氧平衡率为 20%，经验值乳化炸药氧平衡率为 -3%，为达到最好效果，所配制炸药氧平衡率最好为 0，代入上式可得

$$x = \frac{0+3}{20+3} = 13\%$$

$$y = \frac{20-0}{20+3} = 87\%$$

由此可见，在进行炸药组合时，应尽量多用乳化炸药，但不应超过总药量的 87%。

6.4.2.4 水封爆破

水封爆破是一项新的爆破技术，利用装满清水的塑料袋填于火药前部或后部代替固体炮泥使用。水封爆破的使用填充方法如图 6-18 所示。

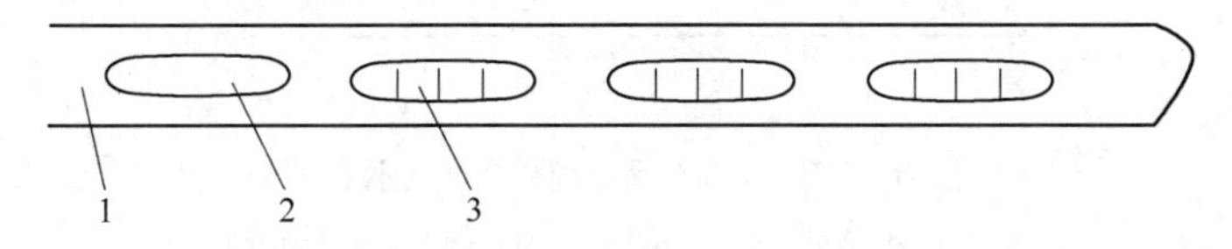

图 6-18 水封爆破填充示意图

1—炮眼；2—水袋；3—炸药

当炸药爆炸时，水封袋中的水在高温高压下变成水蒸气和微细水球悬浮在空

气中，起到吸附气体和捕捉粉尘的作用，从而达到降低有害气体及粉尘浓度的目的。另外，水封袋中的水在爆炸时还有润湿部分岩体的作用，因而能减少尘埃的飞扬，对改善工作环境起到良好的作用。在实验中，由于玲珑金矿炮孔的直径约为40mm，因此选用直径为40mm的水炮泥袋，若今后炮孔直径发生变化，水炮泥袋的型号也随之变化。在采场中检验水封爆破方法时，发现由于采场炮孔向上，这种情况下使用水封爆破，很容易导致水袋封堵炮孔不严，产生滑落现象，如果为了固定水袋而用力向上挤压水袋，容易使水袋破裂，影响正常爆破，因此不建议采场采用水封爆破方法。

6.4.2.5 喷雾降尘

喷雾降尘是指水在一定的压力作用下，通过微孔喷射而形成一种雾状体，水雾在空气中浮游与粉尘相碰撞，增加粉尘自身的质量，加速其沉降，从而降低井下作业地点的粉尘浓度。喷雾洒水组件的喷头受控喷雾时，喷洒出的水雾形成半径大于5m的球状雾幕，细小的水雾充分湿润微粒，在重力作用下降落，以达到降尘目的。与此同时，由于细小雾珠的蒸发吸收热量，使空气降温。另外，放炮时，粉尘和炮烟随着爆破气浪穿过雾化水幕，粉尘被湿润降落，炮烟被水雾吸收溶解，从而又达到消烟目的。喷雾洒水降尘装置的使用使采掘工作面和巷道风流、空气得到净化，以保持清新的空气和回风，使工作人员感到清凉舒适。

针对玲珑金矿井下实际情况，为了提高喷雾捕尘效率，以及满足定期移动喷头地点的要求，可计划采用高压喷头进行喷雾。喷雾设施的安装，根据安装地点的巷道断面进行设计、施工。一般喷雾点安置在距掘进头40m左右，距抽出式局扇10m左右的位置，一处喷雾点安装5个喷头，即两墙间横断面平均五等分，5个喷头平均排列。喷雾管固定在巷道上壁，喷雾管与主水管之间安装水质过滤器，水质过滤器同时起到连接喷雾管和主水管的作用，并用阀门控制水量和喷雾时间。

喷头位置如图6－19所示。

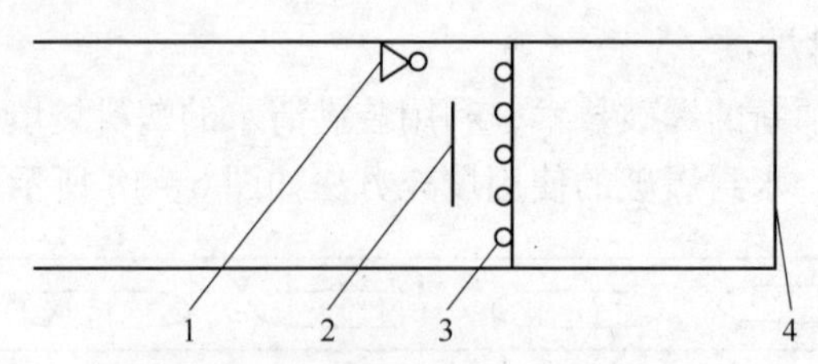

图6－19 喷头位置及测试地点示意图

1—抽出式局扇；2—测量地点；3—喷头；4—掘进面

6.4.3 方案实施前后的数据分析

从尘毒治理方案实施前后的测试数据可以看出，水封爆破和水雾除尘对降低粉尘浓度和有毒有害气体浓度的效果比较接近，因此建议联合使用这两种方法进行除尘降毒。在玲珑金矿，对比未使用除尘技术和使用联合除尘技术后的测量数据，得到如下结果：大开头 -270 西大巷，粉尘浓度降低了 44.5%；CO 降低了 14.3%；NO 降低了 33.3%；NO_2 降低了 34.7%；SO_2 降低了 33.3%；H_2S 降低了 33.3%。大开头 -470 东大巷，粉尘降低了 43.2%；CO 降低了 6.5%；NO 降低了 23.5%；NO_2 降低了 27.5%；SO_2 降低了 28%；H_2S 降低了 33.3%。大开头 -470m 175 号脉 5254 采场，粉尘浓度降低了 49.2%；CO 降低了 12.7%；NO 降低了 26.9%；NO_2 降低了 25%；SO_2 降低了 25%；H_2S 降低了 28.6%。从数据对比可以看出，使用水封爆破和水雾除尘对于降低粉尘和有毒有害气体浓度具有明显的效果，尤其是对于粉尘，使用上述除尘方法，效果尤为显著。

6.4.4 方案实施中的注意事项

在采用水封爆破和水雾降尘方案的同时，建议以下方面要同时做到：

（1）优选炸药品种和严格控制一次起爆药量。在井巷爆破掘进过程中，应根据工作面的实际情况，选用炸药品种。如工作面积水时，应选用抗水型炸药，否则因炸药受潮而影响爆轰稳定传播而产生大量有毒气体。对于低温冻结井施工，应选用防冻型炸药，否则炸药也会因不完全爆炸或爆轰中断，产生大量有毒气体。爆破产生的有毒气体量与炸药用量成正比，严格控制起爆药量，可以有效地降低爆破的有毒气体生成量。

（2）控制炸药的外壳材料质量。为了防潮，粉状炸药通常采用涂蜡纸包卷，由于纸和蜡均为可燃物质，夺取炸药中的氧，易使炸药在爆炸时形成成分负氧平衡反应。在氧量不充裕的情况下，将会产生较多一氧化碳气体，因此，限定每 100g 炸药的纸壳质量和涂蜡量分别不超过 2g 和 2.5g。

（3）保证炮孔堵塞长度和堵塞质量良好。保证炮孔堵塞长度和堵塞质量，能够使炸药发生爆炸时，介质在碎裂之前，装药孔洞内保持高温、高压状态，有利于炸药充分反应，减少有毒气体生成量。而且足够的堵塞长度和良好的堵塞质量，还会减少未反应或反应不充分的炸药颗粒从装药表面抛出反应区，也会降低空气中的有毒气体含量。

（4）采用反向起爆方式。采用反向起爆方式时，炮泥开始运动的时间比正向起爆推迟，间接地起到了增加炮孔堵塞长度的效果，使炸药反应完全程度提高，从而降低有毒气体生成量。

6.5 本章小结

随着静电除尘技术在矿山中的应用逐渐广泛，解决静电除尘在矿山这种特殊工作环境下的瓶颈问题显得尤为重要。振打清灰效果不好，严重影响电除尘器的除尘效率和使用范围，而影响振打效果的最主要因素是沉降粉体的黏结力。通过建立数学模型，从微观角度分析了粉尘进入电场后的极化过程和决定极化强弱的几种因素，推导由于介电常数不同而导致电介质受力的情况，得出电介质受力方向的规律。分析粉尘黏结力的变化趋势，自行进行计算机模拟编程，直观演示黏结力影响因素发生变化时粉尘黏结力的强弱变化情况，通过计算机生成模拟图形确定如何调节粉尘黏结力。以玲珑金矿为例，选定水封爆破方法和水雾法联合使用进行尘毒治理，所用设施设备成本低廉，运行耗能少，且维护简单，适合规模矿用除尘和除有害气体。

7　岩体裂隙渗流及围岩－风流湿热交换机理研究

地热资源利用的实践表明，把地下水作为热量的载体是经济、高效的利用方式，热岩体存在合适裂隙时，水通过裂隙渗流吸收岩体热量，从而增加自身焓值，将高焓水提取到地表加以利用。但很多热岩体热储层并没有水，需要人工压裂岩体，使岩体具有高渗透率的裂隙，再将水注入热储层吸收热量。美国在 20 世纪 60 年代提出利用水的渗流特性开发地下热能，此后日本和欧洲国家都相继进行地热资源的开发研究[94]。

上述地热利用的方法，最大的困难就是如何进行地下热能勘测和花费昂贵的钻井费用，如果能把矿山开采时自然出现的地下热能利用起来，则可完全避免勘测技术的困扰和费用高的问题，就可以用很少的投入，获得更多的清洁能源。用高压水泵将矿山热岩体压裂，使其具有渗流效果很好的裂隙，裂隙最终汇聚在设计巷道中，在裂隙附近建立热水回收仓，将地面冷水注入裂隙，再用水泵将热水汲取到地面加以利用，这是一个可行的办法，但前提是井下岩体压裂必须有良好的控制，保证岩体构造的稳定性。

7.1　岩体渗透率与静应力关系测定

对于地下热能的开发利用，昂贵的勘测和钻井费用一直困扰着从事地热开发的工程技术人员，但在矿山的开采活动中，自然形成的矿井，在完成开采任务后甚至在开采的同时，可以当作取热水井来进行利用。

采矿到含水层以后，岩石裂隙有直接充水和间接充水两种方式，对于大部分矿山，间接充水是主要方式，所谓间接充水就是含水层分布在矿床周围，通过岩石裂隙渗流进入井下空间[95]。采矿活动使地下水文地质条件发生改变，地下水通过岩体裂隙进入井下空间[96]，研究井下岩石渗流情况，首先要从水在岩石裂隙中的渗流情况入手，研究岩体裂隙变形对水渗流的影响。

在胶东半岛矿区采用单孔压水试验测定典型岩体渗透率，实验如图 7－1 所示。在钻孔中安置止水塞，将试验段与钻孔其余部分隔开。隔开试验段的方法有单塞法和双塞法两种，这里以单塞法为例，简述一下试验过程。单塞法试验时，止水塞与孔底之间为试验段。然后再用水泵向试验段压水，迫使水流进岩体内。当试验压力达到指定值 p，并保持 5～10min 后，测得耗水量 Q(L/min)。设试验段长度为 l(m)，则岩体的单位吸水量 W[L/(min·m^2)] 为：

$$W = \frac{Q}{lp} \tag{7-1}$$

式中 p——试验压力，用压力水头（m）表示。

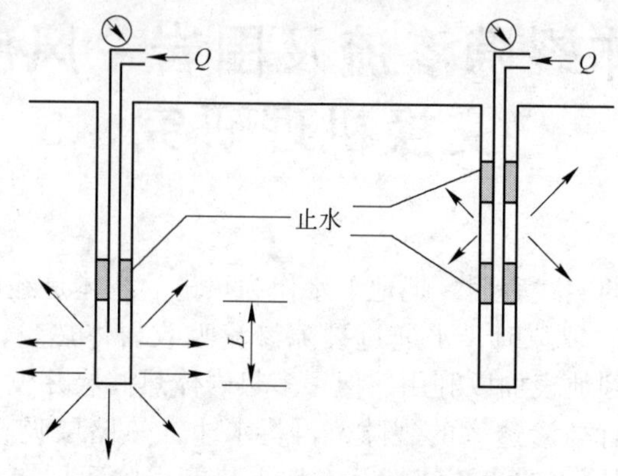

图 7－1 单孔压水实验装置示意图

岩体渗透性系数按巴布什金经验公式计算：

$$K = 0.528W\lg\frac{aL}{r_0} \tag{7-2}$$

式中 r_0——钻孔半径；

a——与试验段位置有关的系数，当试验段底至隔水层的距离大于 L 时用 0.66，反之用 1.32。

作用在岩体上的有效应力即为静应力。

静应力＝上覆岩层的总压力－孔隙压力[97]

从胶东半岛典型矿区采集岩样，对裂缝性渗透率的应力进行实验研究，实验前，先将岩样进行人工开裂，然后将岩心放入岩心夹持器进行渗透率测量。图 7－2、图 7－3 分别为 A、B 两块人工压裂岩样的渗透率和静应力关系图。实验结果表明：裂隙渗透率对应力的变化很敏感，增加应力渗透率会急剧下降，撤销应力，裂隙渗透率将会慢慢恢复，但不能恢复到原来的程度。

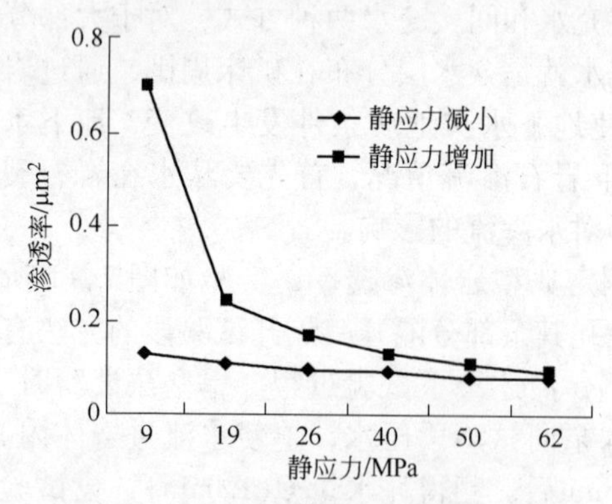

图 7－2 A 岩块渗透率与静应力关系

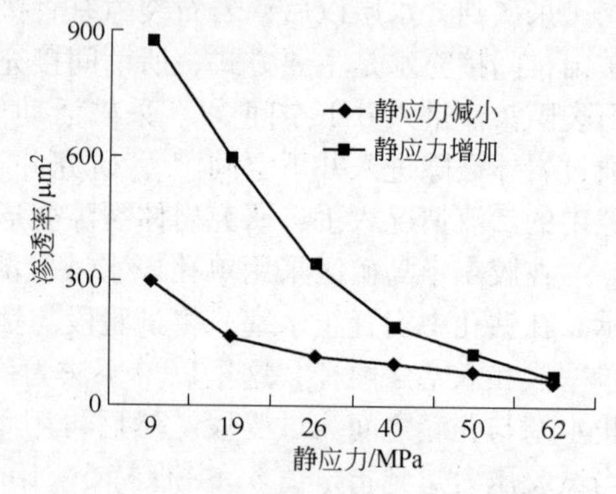

图 7－3 B 岩块渗透率与静应力关系

7.2 岩体裂隙渗流与应力关系分析

近年来，从实验和数值模拟的角度，对裂缝性岩石的渗流特征以及与地应力的关系等难题开展了许多研究工作，已初步建立了二维、三维应力与岩石裂缝单相渗流的耦合关系[98~100]。以采集的岩样特性为例，建立岩体裂隙渗流模型，以求能够对该矿压裂岩体缝隙中水的流动规律有进一步的认识。

如图7-4所示[101]，对于三维裂隙岩体，当裂隙面的法向与 x，y，z 轴方向夹角的余弦分别为 l，m，n 时，裂隙面上的正应力为：

$$\Delta\sigma_{n} = l^2\Delta\sigma_{x} + m^2\Delta\sigma_{y} + n^2\Delta\sigma_{z} + 2lm\Delta\tau_{xy} + 2mn\Delta\tau_{yz} + 2nl\Delta\tau_{zx} \quad (7-3)$$

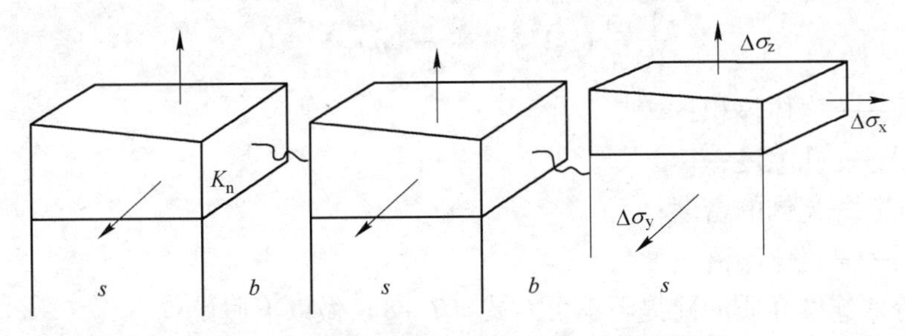

图7-4 三维裂隙-岩块与应力的耦合模型

在裂隙面上正应力 $\Delta\sigma_{n}$ 作用下，裂隙的张开位移 Δu_{f} 为：

$$\Delta u_{f} = \frac{\Delta\sigma_{n}}{K_{n}} \quad (7-4)$$

在应力 $\Delta\sigma_{n}$、$\Delta\sigma_{y}$、$\Delta\sigma_{z}$ 作用下，岩块的位移 Δu_{x} 为：

$$\Delta u_{x} = \frac{sl}{E}[\Delta\sigma_{x} - \nu(\Delta\sigma_{y} + \Delta\sigma_{z})] \quad (7-5)$$

联合上述公式可得三维裂隙在三向应力作用下的渗透系数及渗流量为：

$$K_{z} = K_{o}\left\{1 + \frac{\Delta\sigma_{n}}{bK_{n}} - \frac{sl}{Eb}[\Delta\sigma_{x} - \nu(\Delta\sigma_{y} + \Delta\sigma_{z})]\right\}^3 \quad (7-6)$$

$$Q_{z} = Q_{o}\left\{1 + \frac{\Delta\sigma_{n}}{bK_{n}} - \frac{sl}{Eb}[\Delta\sigma_{x} - \nu(\Delta\sigma_{y} + \Delta\sigma_{z})]\right\}^4 \quad (7-7)$$

从推导的模型可以看出，与正应力、剪应力和裂隙岩体的渗流情况联系密切。

7.3 岩体裂隙变形与渗流关系模型的建立

不同的矿山岩体在漫长的成岩过程中发育了多种多样的岩体裂隙构造，大部分矿山岩体裂隙发育较为密集，最大裂隙间距、平均裂隙间距都远远小于岩体体积或表面积。相比而言，裂隙间距几乎可以忽略不计，典型表征体单元 REV 体积远远小于流场区域体积，因此在建立流体岩石变形裂隙和渗流关系模型时可以假设是在等效连续介质状态下，能客观反映地下水的裂隙渗透特征。

7.3.1 流体的存储效应模型

流体在岩石孔隙中流动，对岩石构造必然产生影响，导致岩石及其孔隙扩大或缩小，甚至引起岩石变形，而流体也会滞留在岩石孔隙中，这就是所谓的流体存储效应。

岩体的孔隙非常发育达到一定程度时，可以假设岩体为一种多孔介质，再假设该岩体在一维流动条件下，具有存储效应，那么岩体的连续性方程可用下式表示[94]：

$$\frac{1}{V_b}\frac{\partial}{\partial t}(\rho_f V_b \varphi) + \frac{\partial}{\partial x_i}(\rho_f v_{fi}) = 0 \tag{7-8}$$

式中 V_b——岩体体积；

φ——孔隙度；

ρ_f——流体的密度；

v_{fi}——流体渗流速度。

在等效连续介质的前提下，可对式（7－8）做以下假设：

（1）流体和固体颗粒的变形属于弹性变形；

（2）孔隙介质应变非常小，满足式（7－9）：

$$\begin{cases} \dfrac{V_b}{V_{bo}} = 1 - \varepsilon_v \\ \dfrac{V_{bo}}{V_b} = 1 + \varepsilon_v \end{cases} \tag{7-9}$$

通过推导可得：

$$\frac{1}{V_b}\frac{\partial}{\partial t}(\rho_f V_b \varphi) = \rho_{fo}\frac{\partial}{\partial t}\Big\{ -\underbrace{\varepsilon_v}_{\text{骨架}} + \underbrace{(1-\varphi_0)\left[\frac{\sigma_m - p_P}{K_s(1-\varphi_0)} + \frac{p_P}{K_s}\right]}_{\text{固相颗粒}} + \underbrace{\varphi_0\left(\frac{p_P}{K_f}\right)}_{\text{流体}}\Big\} \tag{7-10}$$

式中 φ_0——初始孔隙度；

ρ_{fo}——流体初始密度；

V_{bo}——孔隙介质初始体积；

σ_m——平均应力。

式（7－10）表明，流体储存效应是固相颗粒变形、多孔介质骨架变形和流体变形的复杂函数。

孔隙介质的弹性变形（ε_v）可以表示为：

$$\varepsilon_v = \frac{1}{K}(\sigma_m - ap_P) \tag{7-11}$$

由此可推导出式（7－8）的另一种表达形式：

$$\frac{1}{V_b}\frac{\partial}{\partial t}(\rho_f V_b \varphi) = \rho_{fo}\left(\frac{a}{K_b}\right)\frac{\partial}{\partial t}\left(-\sigma_m + \frac{p_P}{B}\right) \tag{7-12}$$

$$B = \frac{\frac{1}{K_b} - \frac{1}{K_s}}{\frac{1}{K_b} - \frac{1}{K_s + \varphi_0}\left(\frac{1}{K_f} - \frac{1}{K_s}\right)} \tag{7-13}$$

式中 K_b——岩石体积模量；

K_s——矿物颗粒体积模量；

K_f——流体体积模量。

7.3.2 裂隙引起的附加应力模型

对于多孔介质，孔隙压力发生变化造成体积变化，体积变化后，将会产生一个新的力作用于介质。孔隙压力变化引起的应力变化通过应力系数表示为：

$$\eta = \frac{a(1-2\nu)}{2(1-\nu)} \tag{7-14}$$

式中 η——应力系数；

a——Biot 系数；

ν——多孔介质的泊松比。

孔隙弹性变化所产生的应力变化可由下式计算：

$$\Delta\sigma = \Omega \cdot \eta \cdot \Delta p_P \cdot f(t) \tag{7-15}$$

式中 Ω——边界和其他非理想条件效应的量化；

$f(t)$——典型的时间扩散函数，开始时其值为0，稳态时其值为1；

Δp_P——矿藏压力的变化；

η——应力系数，不受孔隙流体特性的影响。

7.3.3 边界条件对孔弹性应力变化的影响

国外的大量研究结果表明[103]，孔弹性应力变化与孔隙压力变化满足以下关系式：

$$\Delta\sigma_x + \Delta\sigma_y + \Delta\sigma_z = 4\eta\Delta p_P \tag{7-16}$$

式中 $\Delta\sigma_x$，$\Delta\sigma_y$，$\Delta\sigma_z$——分别为 x、y、z 方向上的孔隙应力增量；

Δp_P——孔隙压力的变化量。

边界条件对 x、y、z 三个方向上单个应力的影响很大，对于具有自由移动顶部/底部边界的一维边界问题，在式（7－16）基础上，得出 $\Delta\sigma_x$、$\Delta\sigma_y$、$\Delta\sigma_z$ 满足以下关系式：

$$\begin{cases}\Delta\sigma_x = 2\eta\Delta p_P \\ \Delta\sigma_y = 0 \\ \Delta\sigma_z = 2\eta\Delta p_P\end{cases} \tag{7-17}$$

同理，对二维平面应变边界问题，$\Delta\sigma_x$、$\Delta\sigma_y$、$\Delta\sigma_z$ 满足以下关系式：

$$\begin{cases}\Delta\sigma_x = \Delta\sigma_y = \eta\Delta p_P \\ \Delta\sigma_z = 2\eta\Delta p_P\end{cases} \tag{7-18}$$

同理，对三维受力边界问题，$\Delta\sigma_x$、$\Delta\sigma_y$、$\Delta\sigma_z$ 满足以下关系式：

$$\Delta\sigma_x = \Delta\sigma_y = \Delta\sigma_z = \left(\frac{4\eta}{3}\right)\Delta p_P \tag{7-19}$$

7.4　岩体压裂控制研究

冷水冲刷井下干热岩，以获得热能的实施，最大的难点在于如何压裂出适合于液体流动的岩体裂隙。近年来，不少专家对岩体压裂和裂隙渗流做了大量研究，针对利用岩体裂隙来吸收热量的措施，需要对裂隙的压裂过程和液体在裂隙中的流动规律进行深入细致的研究。

最初的水力压裂行为，是单纯的用水作为压裂介质，使岩体在高压水的作用下发生破裂。这种压裂方式产生的裂隙不受人为控制，显然无法满足从热岩中汲取热水的要求，所以要对如何控制裂隙性质和方向进行研究。

7.4.1　稳定开裂条件分析

水压致裂法的应力测量基本假设是：岩石是线弹脆性、均匀、非渗透性及各向同性的，而且钻孔轴与作用于岩石的一个主应力方向平行[104]。据此假设，水力压裂模型可简化为具有圆孔的无限大平板在两个水平主应力 σ_{Hmax} 和 σ_{Hmin} 作用的问题，如图 7－5 所示。

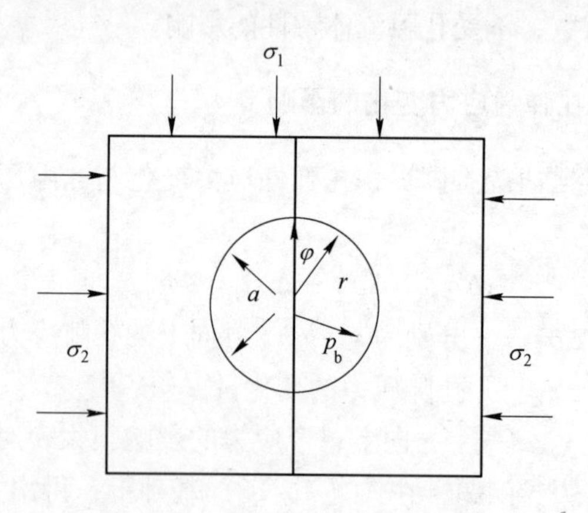

图 7－5　孔壁岩体开裂力学模型

根据图 7－5 所示模型的弹性力学，可做如下推导：

$$\sigma_r = \frac{1}{2}(\sigma_1 + \sigma_2)\left(1 - \frac{a^2}{r^2}\right) + P_b \frac{a^2}{r^2} + \frac{1}{2}(\sigma_1 - \sigma_2)\left(1 - \frac{4a^2}{r^2} + \frac{3a^4}{r^4}\right)\cos 2\varphi \tag{7-20}$$

$$\sigma_\varphi = \frac{1}{2}(\sigma_1 + \sigma_2)\left(1 + \frac{a^2}{r^2}\right) - P_b \frac{a^2}{r^2} - \frac{1}{2}(\sigma_1 - \sigma_2)\left(1 + \frac{3a^4}{r^4}\right)\cos 2\varphi \tag{7-21}$$

在 $r = a$ 的孔壁处 $\sigma_r = P_b$

$$\sigma_\varphi = (\sigma_1 + \sigma_2) - P_b - 2(\sigma_1 - \sigma_2)\cos 2\varphi \tag{7-22}$$

当 $\varphi = 0$ 时，σ_φ 有最小值，即：

$$\sigma_\varphi = 3\sigma_2 - \sigma_1 - P_b \tag{7-23}$$

当孔壁发生破裂时，则 $\sigma_\varphi \approx T_0$ （7－24）

T_0 为岩体抗拉强度，此时成立的破裂条件为：

$$\sigma_1 = 3\sigma_2 - P_b^0 + T_0 \tag{7-25}$$

当岩体存在孔隙水压力 P_0 时，可以写成：

$$\sigma_1 = 3\sigma_2 - P_0 - P_b^0 + T_0 \tag{7-26}$$

对开裂的岩体重新加压，开启压力为 P_b^1，则式（7－26）可写为：

$$\sigma_1 = 3\sigma_2 - P_b^1 - P_0 \tag{7-27}$$

联合式（7－26）、式（7－27），可得：

$$P_b^1 - P_b^0 = T_0 \tag{7-28}$$

由上述推导可得岩体内稳定开裂的应力条件，如图 7－6 所示。

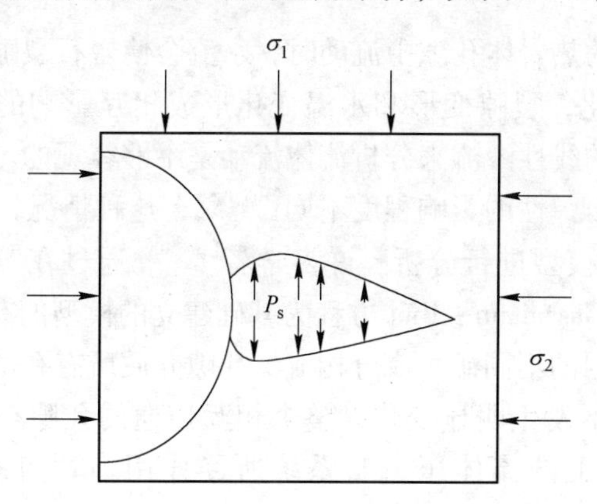

图 7－6 岩体内稳定开裂力学模型

7.4.2 裂隙失稳压力分析

根据线弹性断裂力学理论，裂纹尖端附件的应力场与应变场正比于裂纹端部

的应力强度因子 K_1，当 K_1 达到临界值 K_{1C} 时，则裂纹发生失稳扩展。K_{1C} 是材料常数，又称断裂韧性，此常数可由实验确定。

$$K_{1C} = \sqrt{\frac{2E\gamma}{1-\nu^2}} \tag{7-29}$$

式中 E——岩石的弹性模量；

ν——岩石的泊松比；

γ——岩石的比表面能。

垂直强度的应力强度因子为：

$$K_1 = (P - \sigma_2)\sqrt{\pi L} \tag{7-30}$$

对于半径为 R 的圆盘裂纹（水平裂纹）有：

$$K_1 = \frac{2}{\pi}(P - \sigma_3)\sqrt{\pi R} \tag{7-31}$$

式中，σ_3 为垂直方向的地应力。

当裂纹失稳扩展时，联合式（7－29）、式（7－30）、式（7－31）可以求得使裂纹扩展的压力为：

垂直裂缝
$$P = \sigma_2 + \sqrt{\frac{2E\gamma}{\pi L(1-\nu^2)}} \tag{7-32}$$

水平裂缝
$$P = \sigma_3 + \sqrt{\frac{\pi E\gamma}{2R(1-\nu^2)}} \tag{7-33}$$

7.5 热岩裂隙控制模型的建立及其意义

水在已经压裂的热岩体孔隙中流动时，水流会使岩石裂隙发生改变，同时水的温度也会发生变化，裂隙变形和水温变化形成相互影响的关系。在这种情况下，很显然用常规的线性渗流来分析流体流动是不够客观的。不同的流体在岩体裂隙中流动，对岩石弹性的影响程度不同[105,106]，这种情况，可以采用 Gassmann－Biot 方程[107]建立模型进行分析。许多学者[108,109]通过在实际工程应用中，以大量实验验证了以 Gassmann－Biot 方程为基础建立的模型的有效性。

假定岩体由均匀的不同矿物成分构成，孔隙介质所有孔隙相互连通，孔隙度在流体流动过程中不发生明显变化，整个相互连通的孔隙空间中流体压力是常数，则作用于流体上的流体压力与系统所受作用力通过孔隙度产生关联效应[110]。即：

$$K = K_b + K_s\frac{\left(1-\frac{K_b}{K_s}\right)^2}{1-\frac{K_b}{K_s}+\varphi\left(\frac{K_s}{K_f}-1\right)} \tag{7-34}$$

式中 K——岩石体积模量（饱含水）；

K_b——基架体积模量；

K_s——矿物体积模量（岩石由该矿物构成）；

K_f——水体积模量；

φ——岩石孔隙度。

流体压力不会影响系统的剪切模量μ，设基架剪切模量为μ_b，则有

$$\mu = \mu_b \tag{7-35}$$

式（7－34）与式（7－35）中的模量K和μ是封闭系统的Gassmann弹性系数，开放系统的弹性模量为K_b和μ_b。

由式（7－34）可以看出，式（7－34）右端第二部分主要体现了裂隙水对岩石性质产生的影响，即：

$$K_p + K_s \frac{\left(1 - \frac{K_b}{K_s}\right)^2}{1 - \frac{K_b}{K_s} + \varphi\left(\frac{K_s}{K_f} - 1\right)} \tag{7-36}$$

式中 K_p——岩石的孔隙模量（含水）。

对于含水岩石，当岩石裂隙中水的物理状态发生变化时，流体模量K_f发生变化，将会导致含水岩石的体积模量也发生变化，其变化率可表示为：

$$\frac{\partial K}{K} = \frac{K_p}{K}\frac{\partial K_p}{K_p} \tag{7-37}$$

式（7－37）表明，含水岩石的孔隙模型变化和水置换中岩石体积模量的变化成正比，根据式（7－37），含水岩石的孔隙模型变化率可以表示为：

$$\frac{\partial K_p}{K_p} = \frac{\varphi K_s}{\varphi K_s + \left(1 - \frac{K_b}{K_s} - \varphi\right)K_{f2}}\frac{\partial K_f}{K_f} = \frac{\varphi}{\left(1 - \frac{K_b}{K_s}\right)^2}\frac{K_{p2}}{K_{f2}}\frac{\partial K_f}{K_f} \tag{7-38}$$

式中，标有下标2的模量表示置换后的水体积模量或者是孔隙体积模量。对于特定岩石而言，上式中K_b和K_s为一常数，此系数项为：

$$c = \frac{\varphi}{\left(1 - \frac{K_b}{K_s}\right)^2} \tag{7-39}$$

由式（7－39）可得：

$$\frac{\partial K}{K} = \left(c\frac{K_p}{K}\frac{K_{p2}}{K_{f2}}\right)\frac{\partial K_f}{K_f} \tag{7-40}$$

建立的这个模型定量地反映了岩石裂隙中水的性质变化时，含水岩石体积模量的变化。其中，系数c可以综合反映孔隙度和岩石性质的变化，会对水置换过程中含水岩石的弹性性质产生怎样的影响。这样，就知道了水在热岩裂隙中流动

时自身发生变化（主要是温度变化）时对热岩裂隙的影响，从而把握对热岩体的压裂程度。

上述分析主要从岩体渗流角度考虑如何能够安全有效地进行热水的收集，但热水的出现，给井下工作环境造成了不可避免的高温高湿危害，热水不仅对巷道空间释放热量，更是蒸发大量水蒸气，增加空间的湿度。对于采矿工程而言，高温高湿是必须解决的问题，不能因为收集热水，而置井下工作环境于不顾。

7.6 深井湿热参数测定

在正常条件下，人体体表（衣服及裸露的皮肤）的平均温度为27℃左右，衣服的黑体系数实际上等于0.9。当空气温度较高时，空气湿度越高，空气对人体的冷却越小；当空气温度较低时，空气湿度越高，其冷却作用越强。

矿井中，高温高湿的空气自然形成高温的环境，在这种环境下，人体热调节功能受到极大影响，有可能引起人体的过热甚至热击。工作面是出现最坏微气候最频繁的场所，这里的空气环境不仅常常受高温岩体的影响，也容易有热水的涌现，同时也是大量机械设备集中的地方，因此，高温高湿现象最容易在工作面出现，但工作面又是作业人员必须停留的地方，矿工的健康和生产效率受矿井气象情况的影响很大。统计发现，空气的温度每超过标准1℃，工人的劳动生产率便降低7%左右。由此可见，矿工在高温高湿条件下劳动，不但身体健康得不到保障，工作效率也非常低下。矿井气候条件的有效治理是矿山安全生产必须解决的实际问题。

7.6.1 风流参数测试

测试环境为青岛理工大学矿业工程研究所测试室。该测试室是针对金属矿山井下各种气候条件的准确测试而筹建的，具有完备的矿山井下测试设备。该研究所使用的主要测试设备包括CZC5便携式多参数测定器（图7－7）、矿用盒式气压计、电子风表、温湿度测试仪、井下综合测试仪等。

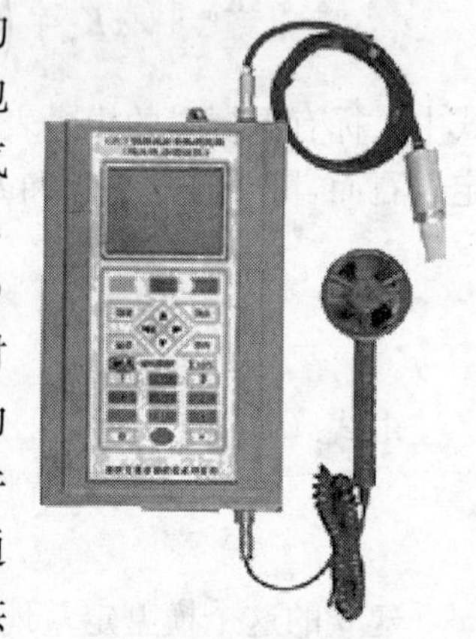

图7－7 CZC5便携式多参数测定器

CZC5便携式多参数测定器（通风参数测试仪）采用“气压计基点测定法”。“气压计基点测定法”对矿井巷道的通风阻力及相关通风参数进行测定，帮助工作人员了解矿井通风系统的阻力分布情况，为矿井各项安全技术措施的制定与实施提供依据，为矿井通风设计、网络解算、通风系统改造、控制火灾等提供可靠的基础资料。

该仪器可以对矿井基点、测点的绝压、差压、温度、湿度、风速进行测量和存储，并结合配套的软件自动计算通风阻力相关数据、分析测算结果，生成阻力分布图和总结报告。

7.6.1.1 测试对象

以山东省某典型矿山为测试地点，取该矿山井下七、八、九三个中段的行人场所，分别进行测试。为了使数据更具有代表性，在夏季和冬季两个典型季节都进行了测试，并取得相关数据。

7.6.1.2 数据处理

测试结果见表7－1。

表7－1 矿井湿热参数测试

测点	深度/m	夏季		冬季	
		温度 t/℃	湿度 φ/%	温度 t/℃	湿度 φ/%
七中段					
充填上山下口	470	24.2	97.1	20.2	96.5
运输平巷	470	24.0	98.4	19.9	98.1
采场1	470	28.2	99.2	24.8	98.6
采场2	470	28.8	99.5	25.2	98.5
八中段					
充填上山下口	510	28.2	97.8	25.1	97.2
运输平巷	510	28.1	98.2	24.9	98.1
采场3	510	29.6	99.6	26.3	99.1
采场4	510	29.5	99.6	26.5	99.3
九中段					
充填上山下口	550	29.5	98.0	25.8	97.6
运输平巷	550	29.8	98.8	25.6	98.2
采场5	550	30.8	99.7	27.8	99.3
采场6	550	30.8	99.8	27.2	99.5

7.6.2 围岩温度测试

随着矿山开采深度的增加，地热效应更加明显。无论是巷道还是工作面，岩层暴露出来后，都与气流接触，围岩的原始温度场发生相应变化。但是这个变化具有一定的深度界限，例如，当巷道中风流的温度低于围岩岩壁温度时，由于风流的冷却作用，围岩岩壁温度有所降低，这也是通风能起降低巷道温度作用的原因之一。岩壁温度降低后，由于热传导作用，围岩内的热量向岩壁传导，随着围岩内部距岩壁越来越远，传导出的热量越来越少，直至围岩的某一深度不再有热传导发生，保持着原始温度[111]。影响围岩保持原始温度深度的主要因素有巷道几何形状、通风时间、风流与围岩温差、围岩的热物理参数等。

该测试矿区的地层主要由砂岩、页岩、石灰岩等组成，据矿山资料，各种岩石热物理参数见表7－2。从表7－2可以看出，岩石种类不同，热扩散率变化很大，相同的通风情况，通风对热扩散率较大的围岩影响明显，反之对热扩散率小的围岩影响不甚明显。

表7－2 各种岩石热物理参数

岩石种类	导热系数/W·(m·℃)$^{-1}$	质量热容/J·(kg·℃)$^{-1}$	密度/g·cm^{-3}	热扩散率/m^2·s^{-1}
中粒砂岩	2.771	0.899	2.630	1.171×10^{-6}
石灰岩	2.316	0.907	2.879	0.953×10^{-6}
细粒砂岩	2.099	0.982	2.575	0.828×10^{-6}
页岩	1.966	0.932	2.614	0.806×10^{-6}

为了获取井下岩层原始岩温，选取了刚刚开掘的巷道和采、掘工作面岩壁为测量对象，因为岩壁刚刚暴露于风流中，通风作用对围岩的影响深度较小。根据现场条件，以浅孔测温法对岩壁原始温度进行测量。浅孔测温是在井下需要测温的工作面利用爆破打好的炮眼或者专门开凿测温孔（深度一般为2～3m），迅速将热电偶或半导体点温度计探头送到孔底，用塑性材料密封测温孔测量孔底岩温[112]。由于初始值偏高，所以需进行多次测量，直至测量结果无明显不同，测量结果为稳定值时，即为该处原始岩温。

浅孔测温法测量岩壁温度，主要受三个因素的影响：待测围岩暴露时间、测温孔深度、打眼钻头摩擦生热产生的附加效应。

围岩暴露时间和测温孔深度的关系，可通过理论推导确定。假设围岩为均质干燥的半无限体，垂直于壁面方向为 x 轴方向，当围岩暴露时间为 τ 时，x 轴上任一点的温度为 $t(x,\tau)$，风流温度为固定值，根据传热学原理，导热微分方程可表示为：

$$\frac{\partial t}{\partial \tau}=\alpha\frac{\partial^2 t}{\partial x^2} \tag{7-41}$$

当 $\tau=0$ 时，$t=t_a$，可视为原始岩温。

当 $\tau>0$、$x=0$ 时，$t=t_b$，可视为与风流温度相同。

式中 x——测温孔深度，m；

t_a——原始岩温，℃；

t_b——风流温度，℃；

α——岩石热扩散系数，m^2/s。

解方程可得：

$$\frac{t-t_a}{t_b-t_a}=erfc\left(\frac{x}{2\sqrt{\alpha\tau}}\right) \tag{7-42}$$

式中 $erfc\left(\frac{x}{2\sqrt{\alpha\tau}}\right)$——高斯误差函数。

令 $\frac{t-t_a}{t_b-t_a}=0.999$，由误差函数查得 $erfc\left(\frac{x}{2\sqrt{\alpha\tau}}\right)=$ 0.999时，$\frac{x}{2\sqrt{\alpha\tau}}=2.4$，可得测温孔深度和岩壁暴露时间的关系为：

$$x=4.8\sqrt{\alpha\tau} \tag{7-43}$$

例如，粒砂岩的热扩散率 $\alpha=1.171\times10^{-6}\mathrm{m^2/s}$，由式(7-43)可得 $\tau=6\mathrm{h}$、$\tau=12\mathrm{h}$、$\tau=24\mathrm{h}$，测温孔的深度分别为0.76m、1.07m、1.52m。

课题研究采用感温型NTC热敏电阻测温仪测量温度，见图7-8。

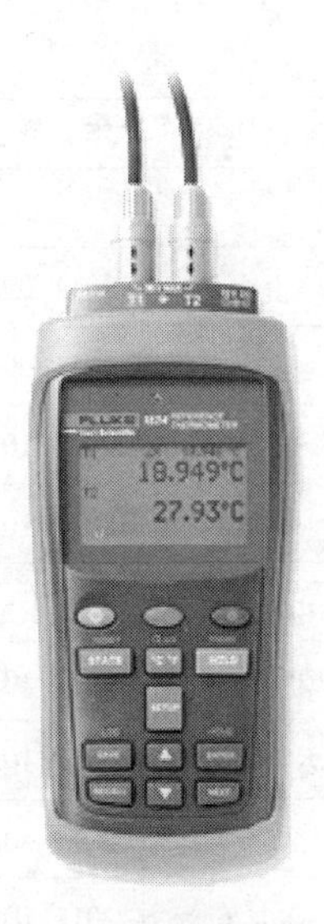

图7-8 感温型NTC热敏电阻测温仪

该仪器灵敏度高，感温时间短，精度在0.1℃左右。为了能精确测量岩壁温度，课题研究人员在测温过程中进行了方法改良，操作示意图如图7-9所示。

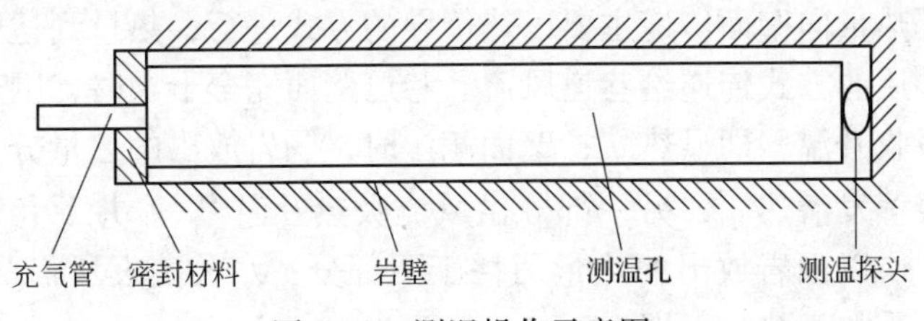

图7-9 测温操作示意图

在待测岩壁上打出测温孔后，将热敏电阻粘贴在弹性乳胶管外壁上，连同乳胶管一起放入测温孔内，乳胶管上设置有充气管，用水炮泥密封测温孔，将充气管留在孔外，利用充气管充气，使乳胶管充满气在测温孔内膨胀，这样感温元件将紧贴在岩壁上，充气后开始观测，每1h记录数据1次，连续记录24h。对旧店金矿不同地点进行测量，测试结果见表7-3。

表7-3 岩体温度测试记录

测试地点	年.月.日	预置时间/h	测控深度/m	巷道温度/℃	岩壁温度/℃	岩体温度/℃
七中段						
充填上山下口	2011.08.30	24	2	23.1	23.1	28.5
运输平巷	2011.08.30	24	2	23.3	23.4	28.6
采场1	2011.09.12	24	2	27.6	27.6	28.6
采场2	2011.09.12	24	2	27.6	27.7	28.7

续表 7-3

测试地点	年.月.日	预置时间/h	测控深度/m	巷道温度/℃	岩壁温度/℃	岩体温度/℃
八中段						
充填上山下口	2011.09.22	24	2	27.8	27.9	31.9
运输平巷	2011.09.22	24	2	27.9	27.9	32.5
采场3	2011.10.08	24	2	28.6	28.7	32.7
采场4	2011.10.08	24	2	28.5	28.8	32.8
九中段						
充填上山下口	2011.10.15	24	2	28.1	28.3	35.3
运输平巷	2011.10.15	24	2	28.5	28.7	35.7
采场5	2011.10.26	24	2	29.2	29.2	35.3
采场6	2011.10.26	24	2	29.1	29.2	35.2

7.7 围岩壁面湿热散发求解

围岩内部热量向壁面传递主要以热传导的方式进行，热量到达壁面后以对流换热和对流传质的方式传递给巷道风流。巷道壁面完全干燥时，围岩放出的热量全部供风流吸收升温，即显热 q_s；壁面潮湿时，围岩放出的热量分为两部分，一部分用于水分蒸发潜热 q_l，另一部分供风流吸热升温[113]。井下巷道既有干壁面又有湿壁面，所以围岩放出的热量消耗于两部分：水分蒸发所需的潜热 q_l 和风流温度升高所需的显热 q_s。即：

$$q_t = q_s + q_l \tag{7-44}$$

式中 q_t——总热流密度，kcal[1]/m²；

q_s——显热热流密度，kcal/m²；

q_l——潜热热流密度，kcal/m²。

7.7.1 显热计算

在巷道壁面是全部干燥的情况下，壁面进入井巷风流的显热量可根据对流换热定律进行计算：

$$Q_s = a(T_w - T_f)A \tag{7-45}$$

式中 Q_s——显热量，kcal/h；

a——围岩与风流的对流换热系数，kcal/(m²·h·℃)；

[1] 1cal≈4.18J，下同。

T_f——风流温度，℃；

T_w——壁面温度，℃；

A——巷道表面积，m^2。

由式（7－44）可得出壁面传递给风流的显热热流密度 q_s（kcal/（m^2·h））计算公式：

$$q_s = a(T_w - T_f) \tag{7-46}$$

式（7－46）适用于完全干燥壁面，在实际工况中井下壁面很少有完全干燥的情况。

7.7.2 潜热计算

壁面全部湿润或者部分湿润时，需进行从壁面进入风流的潜热计算，又称水分蒸发计算。本书以潮湿度系数为切入点对潜热计算进行研究。

7.7.2.1 壁面与风流的潜热计算

风流在巷道中流动，遵循质交换理论。紊流流体中，既有分子扩散又有涡流扩散，这两种扩散形式共同作用的结果，称为对流湿交换。矿井风流基本处于紊流状态，所以井下风流的湿交换属于对流湿交换。

当岩壁上的水面和风流接触面积为 dF 时，湿交换量为：

$$\mathrm{d}W = \frac{a_D(e_s - e)\mathrm{d}F}{R_s \cdot T_s} \tag{7-47}$$

式中 W——湿交换量，kg/s；

e——风流中水蒸气分压，Pa；

e_s——边界层内水蒸气分压，Pa；

a_D——按水蒸气分子浓度差计算的湿交换系数；

T_s——边界层的绝对温度，K；

R_s——水蒸气的气体常数，J/（kg·℃）。

依据传质理论，流体的对流热交换和对流质交换都和流体的流动过程密切相关，表达这两种物理现象的方程式有很多类似之处。在对流热交换中，首先根据准则关系式求出努塞尔数 Nu，然后计算其放热系数 a，因为对流热交换和对流质交换之间存在类似关系，所以可用类似的准则关系式计算 a_D，只是在具体计算时要用对流质交换的宣乌特数 Sh 代替努塞尔数 Nu，同时用对流质交换的施密特数 Sc 代替热交换中的普朗特数 Pr，流体共用的雷诺数 Re 在这两类交换中是相同的。

研究发现，对流热交换和对流质交换之间还存在一种特殊关系：当流体的普朗特数 Pr 等于施密特数 Sc 时，有：

$$\frac{Sc}{Pr} = \frac{a}{\Delta} = 1 \tag{7-48}$$

式中 a——导温系数，m^2/s；

Δ——扩散系数，m^2/s。

在这种情况下，对流边界层内温度分布曲线和对流质交换边界层内的水蒸气分子浓度分布曲线重合，这使得对流质交换的计算大为简化，$\frac{a}{\Delta}$称为刘易斯数 Le。在对流换湿中 $Sh = f(Re, Sc)$，在对流换热中 $Nu = f(Re, Pr)$，在 Re 为常数时，即在该给定的流态状况下，当 $Pr = Sc$，即 $Le = 1$ 时，有 $Sh = Nu$，即：

$$\frac{a_D}{\Delta} = \frac{al}{\lambda} \tag{7-49}$$

式中 l——定性尺寸；

λ——导热系数，kcal/(m·h·℃)。

因 $\Delta = a$，而 $a = \frac{\lambda}{C_p \cdot \rho}$（$C_p$ 为流体定压热容，ρ 为流体密度），则有：

$$a_D = \frac{\lambda}{C_p \cdot \rho} \cdot \frac{a}{\lambda} = \frac{a}{C_p \cdot \rho} \tag{7-50}$$

式（7－50）即为刘易斯关系式。可以看出，该关系式只适用于 $\Delta = a$ 的情况。

由水蒸气分压计算公式：

$$e = e_s - Ap(t - t_s) \tag{7-51}$$

式中 p——风流的压力，Pa；

A——风速修正系数。

$$A = \frac{a}{\gamma \cdot \beta \times 101325} = \frac{C_p \cdot \rho \cdot R_s \cdot T_s}{\gamma \times 101325}$$

将式（7－48）和式（7－51）代入式（7－45），可得巷道壁面水分蒸发量表达式：

$$W_{max} = \frac{a}{\gamma} \cdot \frac{P}{101325}(t - t_s)\mathrm{d}F \tag{7-52}$$

又因为 $\mathrm{d}F = U\mathrm{d}l$，所以式（7－52）可变形为：

$$W_{max} = \frac{a}{\gamma} \cdot \frac{P}{101325}(t - t_s)U\mathrm{d}l \tag{7-53}$$

又因 $Q = W \cdot \gamma$，所以湿交换引起的潜热交换量为：

$$\delta Q_q = a(t - t_s)\frac{P}{101325}U\mathrm{d}l \tag{7-54}$$

或

$$Q_q = a(t - t_s)\frac{P}{101325}UL \tag{7-55}$$

矿井进风流中相对湿度一般为 80%～90%，所以可取 $t - t_s = 2$℃，式（7－53）和式（7－54）可分别表达为：

$$dW_{max} = 7.8954 \times 10^{-6} aPUdl \tag{7-56}$$

$$Q_{qmax} = 1.9738 \times 10^{-5} aPUdl \tag{7-57}$$

式（7-55）或式（7-57）计算的是井巷壁面水分的最大蒸发量，实际上，由于井巷壁面潮湿程度不同，而且岩石的疏水性和含水性也有较大差异，所以其真正的湿交换量有所不同。故在计算壁面水分蒸发量时，应乘以一个潮湿度系数 f，f 为井巷实际水分蒸发量与最大水分蒸发量的比值。

$$f = \frac{M_B \cdot \Delta d}{W_{max}} \tag{7-58}$$

式中 M_B——巷道风流的质量流量，kg/s。

7.7.2.2 潮湿度系数的计算

设：巷道最大水分蒸发量为 $d_s - d_1$，巷道实际水分蒸发量为 $d_2 - d_1$，则潮湿度系数可表示为：

$$f = \frac{d_2 - d_1}{d_s - d_1} \tag{7-59}$$

$$d_1 = 622 \frac{\varphi_1 P_{s1}}{P_1 - \varphi_1 P_{s1}}, d_2 = 622 \frac{\varphi_2 P_{s2}}{P_2 - \varphi_2 P_{s2}}$$

$$d_s = 622 \frac{P_{s2}}{P_s - P_{s2}}, P_{s1} = 610.6\exp\left(\frac{17.27t_1}{237.3 + t_1}\right)$$

$$P_{s2} = 610.6\exp\left(\frac{17.27t_2}{237.3 + t_2}\right)$$

式中 d_1，d_2——分别为巷道始、末端含湿量，g/kg；

d_s——巷道末端饱和含湿量，g/kg；

φ_1，φ_2——分别为巷道始、末端的风流相对湿度；

t_1，t_2——分别为巷道始、末端的风流温度，℃。

7.8 围岩与风流湿热交换模型的建立

许多专家、学者对井下围岩与风流间温度场、湿度场的对流质交换进行了大量分析研究，取得了显著成果[114~118]。井下湿热治理的经济合理性，很大程度上依靠矿井围岩和风流湿热交换预测的准确程度，尤其是在深度矿井中，围岩是最主要的产热源，因此建立围岩和风流湿热交换的精确模型，能够为采取有效的湿热治理措施提供关键的理论依据[119]。

7.8.1 温度平衡方程建立

为建立井下温度平衡方程，可以做如下假设：巷道长度为 ΔL(mm)，巷道进

口温度为 t_v^{i-1}(℃)，出口温度为 t_v^i(℃)，巷道壁面温度为 t_w(℃)，风流的质量流 $m_a = \rho \cdot v \cdot S$，kg/s($\rho$ 为密度，kg/m³；v 为风速，m/s；S 为巷道断面面积，m²)，根据能量平衡定律可得：

$$m_a \cdot C_p \cdot dt_v = \alpha \cdot (t_w - t_v) \cdot P \cdot dL \tag{7-60}$$

对式（7－60）积分，可得温度平衡方程：

$$t_v^i = t_w - (t_w - t_v^{i-1}) \exp \frac{-a \cdot P \cdot \Delta L}{m_a \cdot C_p} \tag{7-61}$$

式中 C_p——风流的定压热容，J/(kg·K)；

α——对流换热系数，J/(m·s·K)；

t_v——微元内风流的平均温度,℃；

P——巷道周长，m。

7.8.2 湿度平衡方程建立

为建立井下湿度平衡方程，可以做如下假设：巷道长度为 ΔL(m)，巷道进口含湿量为 d_v^{i-1}(g/kg)，出口含湿量为 d_v^i(g/kg)，巷道潮湿覆盖率为 f，巷道风流增湿微元为 d(d)，根据质量平衡定律可得：

$$m_a \cdot d(d) = f \cdot \beta_p \cdot (p_w - p_v) \cdot P \cdot dL = f \cdot \beta_d \cdot (d_w - d_v) \cdot P \cdot dL \tag{7-62}$$

对式（7－62）积分，可得湿度平衡方程：

$$d_v^i = d_w - (d_w - d_v^{i-1}) \exp \frac{-f \cdot \beta_d \cdot P \cdot \Delta L}{m_a} \tag{7-63}$$

式中 p_w——饱和水蒸气压，Pa；

β_p——按压力计算的换湿系数，kg/(m²·s·Pa)；

d_w——湿壁边界层对应湿壁温度 t_{ww}（℃）的饱和含湿量；

d_v——微元内风流平均含湿量，g/kg；

p_v——微元内平均水蒸气压，Pa；

β_d——按含湿量计算的换湿系数，kg/(m²·s·Pa)。

7.8.3 岩壁温度的求解

风流在巷道中流动，其温度和湿度很大程度上取决于巷道壁面的情况。假设巷道围岩岩性为各向同性，断面为圆形，轴向的温度梯度忽略不计，干壁温度为 t_{wd}(℃)，湿壁温度为 t_{ww}(℃)，则根据能量平衡理论，当壁面为完全湿壁时，可建立壁面温度数学模型：

$$q = \lambda \left. \frac{\partial t(r,\tau)}{\partial r} \right|_{r=r_0} = a[t(r_0,\tau) - t_v] + r_w \cdot \beta_d \cdot (d_w - d_v) \tag{7-64}$$

式中　q——热流密度，kW/m^2；

a——岩石导热系数，W/(m·K)；

r_0——围岩当量半径，m；

r_w——汽化潜热，J/kg；

τ——通风时间，s。

当 $\beta_d = 0$ 时，就是完全干壁的情况。

由于巷道大部分是由干壁和湿壁组成，则综合壁面温度表示为：

$$t_w = f \cdot t_{ww} + (1 - f) \cdot t_{wd} \tag{7-65}$$

7.8.4　预测模型在矿山中的应用分析

以上内容分析了巷道围岩与风流间的湿热交换机理，建立了围岩与风流间湿热预测模型，据此可以编制预测模型的计算机程序，预测模拟递推解算的过程如图7－10所示。根据图7－10所示的设计的计算过程，应用C＋＋语言进行了详细的编程，使入风流经过井巷后温度、湿度变化的预测过程得以在计算机上实现。对于入风流在垂直和倾斜井巷的流动过程，可以根据实测岩层沿深度变化的地温梯度，合成模拟解算得到入风流的温度、湿度变化规律。

为了判断矿井入风流温湿交换模型在深度方向上应用的可行性，对旧店金矿井下风流温度进行实测，并与模拟的程序值进行对比，验证该预测模型的可行性。沿矿井纵深方向选取一条路线进行模型验证。验证结果见图7－11，图中方形线表示实际测量所得的风流温度，菱形线表示根据建立的数学模型编译的计算机程序模拟所得风流的温度。由图可以看出，模拟值和实测值变化趋势基本一致，能够客观反映井下风流温度变化情况：风流温度刚入矿井时呈下降趋势，到达一定深度后，温度转而呈上升趋势。

在同一深度的水平巷道中，风流温度变化受巷道内热源影响较大，尤其是在浅层水平巷道内，初始入风流与围岩湿热交换较为明显。在井下一中段选取巷道进行模型验证。验证结果见图7－12，图中方形线表示实际测量所得的风流温度，菱形线表示根据建立的数学模型编译的计算机程序模拟所得风流的温度。由图可以看出，模拟值和实测值变化趋势基本一致，能够客观反映井下风流温度变化情况。

图7－13所示为矿井入风流相对湿度随矿井深度的变化曲线。由图可知，沿入风流流动方向，入风流相对湿度随深度增加呈先减小后增大的趋势。深度约为－100m时，入风流相对湿度达到最小值。这是因为增温带浅层以上区域潮湿程度较小，与入风流发生热湿交换后，入风流相对湿度减小，随矿井深度增加，巷道壁面潮湿程度增大，岩壁向入风流放湿，入风流相对湿度逐渐增

大，到达增温带深层，受深循环热水影响，入风流相对湿度呈线性增加，变化较大。

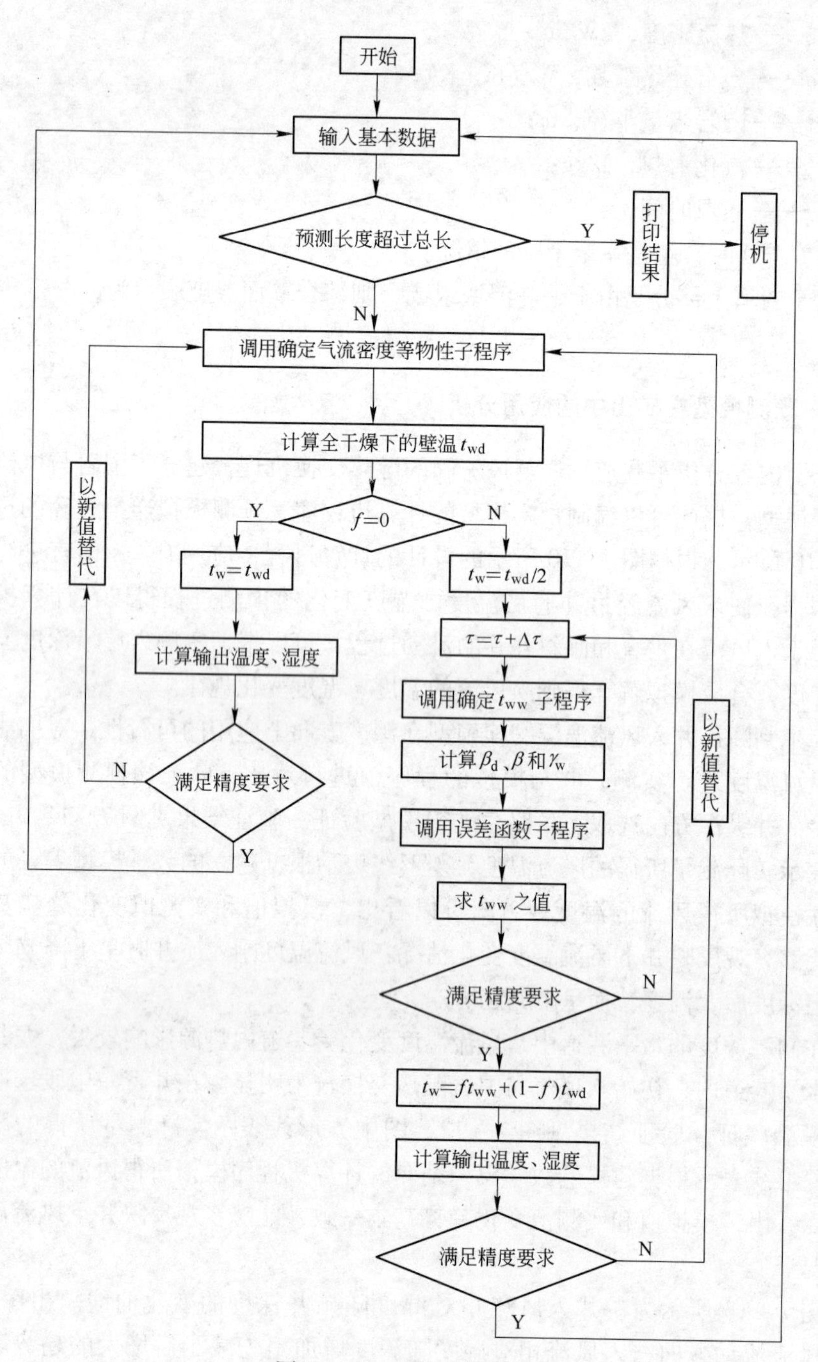

图 7－10　预测解算过程

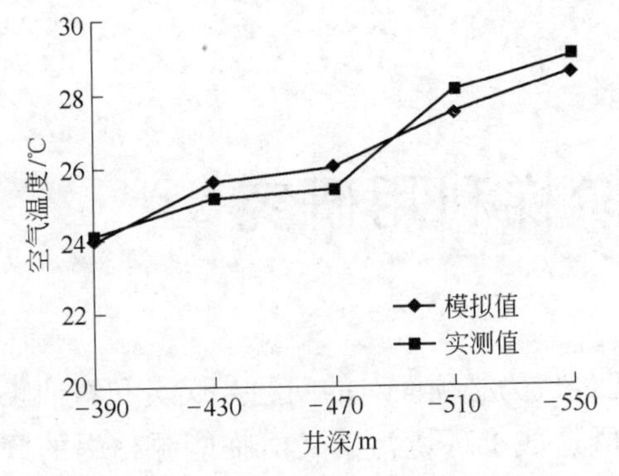

图 7-11 风流温度随矿井深度变化曲线

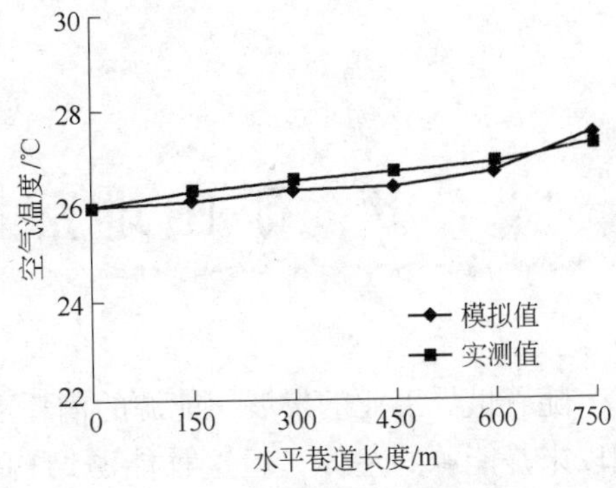

图 7-12 风流温度沿水平巷道变化曲线

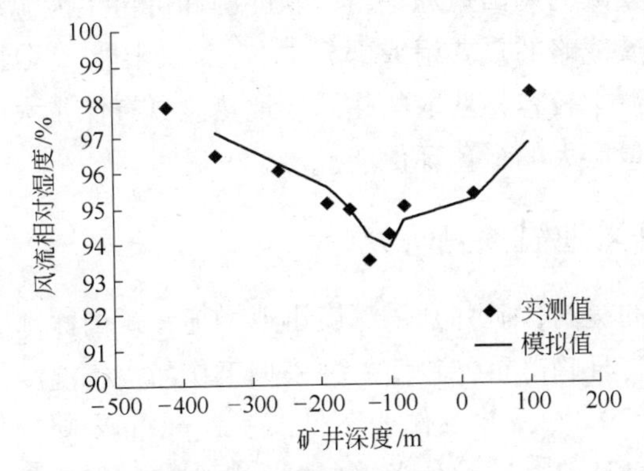

图 7-13 入风流相对湿度随矿井深度的变化曲线

7.9 本章小结

通过实验验证岩体渗流率与静应力关系，初步明确了水在热岩裂隙中流动时，与岩石裂隙变形的相互影响关系；建立了井下热岩体压裂控制模型；论述了热水渗流对巷道空间环境的影响；根据传热学原理，分析了围岩壁面干燥和湿润两种情况下对风流的影响，建立壁面显热和潜热状态下的放热方程，并进行求解；建立了壁面与风流温湿度交换模型，并结合现场调查所测得的井下参数，对所建数学模型进行可行性验证，结果表明模拟结果和实测结果变化趋势吻合度良好，证明了风流与围岩湿热预测模型的可行性。

8 矿山地热阶梯利用研究

随着世界工业的发展，能源的消耗已经成为必须面对的问题。煤炭和石油长期以来是能源的主体，但这种能源结构既造成了环境污染又面临能源枯竭的窘境。因此，新能源的开发和寻找成为全世界都在探索的问题。随着我国经济社会的快速发展，能源紧缺的局面愈加严重，新能源和可再生能源成了我国经济—能源—环境可持续发展战略的重要组成部分[120]。与太阳能、风能等绿色能源相比，地热能是目前新能源中较容易获取的热源。地热能具有储量大、无污染、可再生等优点，是一种储量巨大的绿色环保能源。

8.1 矿山深部开采地温预测研究

随着开采效率的提高，矿井开采深度迅速增加，矿山深部的高温岩体地温场效应凸显，矿井热害日趋严重，致使矿井采掘工作面空气温度超过现行生产规范所规定的标准（26℃）[121]，井下作业条件恶劣，严重影响工人的身体健康和劳动生产率。针对这种情况，国内外学者对矿山热害治理做了大量研究[122~124]，取得了许多对治理矿井热害有价值的研究成果。但目前来看，已有的深井热害治理技术大多集中在矿井形成以后的范畴，治理措施的提出容易受到成型矿井（如矿井断面的面积等）的限制，治理效果往往不够理想，而且花费大量人力物力。本书在进行现有热害治理研究时，考虑矿井开采以前，对预施工地下区域进行地温预测，为未来矿井的热害治理措施提供科学依据，做到经济和技术的良好结合。

8.1.1 矿井深部温度预测模型建立

从传热学原理分析，地温场可分为传导型地温场和传导 - 对流型地温场两类。这两类地温场传热机制不同，对其进行分析时，根据各自特征，推算方法难以统一。基于地质学和热力学理论，可建立传导型温度场和传导 - 对流型温度场两类地温场的深部温度推算模型。

8.1.1.1 传导型深部地温预测

对于传导型地温场而言，地球内部热能完全以热传导的方式传递到地壳浅部，形成地壳浅部地热。矿山岩体为均质和水平层状岩层时，且不考虑其他热源因素，地温场温度分布可用一维传导热方程表示：

$$\frac{d^2\theta}{dz^2}=0 \tag{8-1}$$

式中 θ——温度；

z——深度。

对式（8-1）积分，可得：

$$\frac{d\theta}{dz}=\frac{\theta}{z}=G \tag{8-2}$$

对式（8-2）积分，可得：

$$\theta=G_z+C$$

$z=0$、$C=\theta_0$ 时，

$$\theta=\theta_0+G_z \tag{8-3}$$

式中 θ_0——地面温度；

G——地温梯度。

则其对应的热流计算公式为：

$$q=-\lambda\frac{d\theta}{dz} \tag{8-4}$$

式中 q——热流密度；

λ——岩石热导率。

将式（8-3）整理为：

$$\theta=\theta_0+\frac{q}{\lambda}\cdot z \tag{8-5}$$

如果岩层为均质，根据式（8-5），可以推算出矿区深部任意点的温度。当岩层不是均质，而是热导率各不相同的水平层叠形态时，随着岩层热导率的减小，地温梯度逐渐增大，矿区深部 z 处的温度可表示为：

$$\theta=\theta_0+\int_0^H G_i dz \tag{8-6}$$

式中 G_i——第 i 层中的温度梯度。

在热流值和岩石热导率 λ_i 已知的情况下，有：

$$\theta=\theta_0+\int_0^H\frac{q}{\lambda_i}dz=\theta_0+q\int_0^H\frac{dz}{\lambda_i}=\theta_0+q\sum_{i=1}^{n}\frac{\Delta z_i}{\lambda_i} \tag{8-7}$$

地面温度、各岩层的厚度及相应的岩石热导率为已知时，根据式（8-7）可计算地下任意深度的温度。

矿山绝大多数岩层是非均质的，所以在计算深部温度时，应该用岩石热导率的调和平均值 $\bar{\lambda}$ 作为岩层热导率，利用式（8-5）进行推算。

$$\lambda=\frac{\sum_{i=1}^{n}\Delta D_i}{\sum_{i=1}^{n}\frac{\Delta D_i}{\lambda_i}}=\frac{D}{\sum_{i=1}^{n}\frac{\Delta D_i}{\lambda_i}} \tag{8-8}$$

式中 ΔD_i——各岩层厚度。

将式（8－8）代入式（8－5）中，可得：

$$\theta = \theta_0 + \frac{q}{\lambda}D = \theta_0 + q\sum_{i=1}^{n}\frac{\Delta D_i}{\lambda_i} \tag{8-9}$$

式（8－4）和式（8－9）中都有热量值参数，均可进行热流计算。实际应用中需要选择出一种更为可靠的方式。由式（8－9）可以看出，大地热流值 q 是其直线斜率，如果深部地层不考虑其他热源因素，大地热量值为常数。而式(8－3)中地温梯度 G 是其直线斜率，由于矿山地下为非均质岩层，所以地温梯度不是常数。相比而言，式（8－9）在计算热流值和深部温度推算中较为稳定，适用性强，在分析实际情况时比式（8－3）可靠性更强。

矿山岩层多为非水平状态，且地质构造多种多样，所以地球深部热能在向浅层地壳传导过程中，通过热导率不同的岩层界面时，会产生热流折射现象，而且热传导中受到的热阻不同导致了热流的重新分配。这种情况下，用一维热传导方程不能对温度场进行客观描述，温度场属于二维或三维热传导范畴。在此热传导状态下，温度场可用式（8－10）表示：

$$\frac{\partial}{\partial x}(\lambda\frac{\partial \theta}{\partial x}) + \frac{\partial}{\partial z}\left(\lambda\frac{\partial \theta}{\partial z}\right) + A = 0 \tag{8-10}$$

式中 A——岩石放射性元素产热率，在岩层厚度不是很大时，A 非常小，可以忽略不计。

式（8－10）中，岩石热导率是 x，z 的函数，即：$\lambda = f(x,z)$。经验表明，矿山岩体中常有热导率不同的其他岩层嵌入，对于这种岩体的温度场分析，可假设不同岩体界面上热传导是连续的，法线方向的热流也是不间断的，对式（8－10）求解，可得到不同热导率介质中温度分布模型。举例说明：热导率为 λ_2 的岩体嵌入热导率为 λ_1 的围岩中，其在 $x-z$ 平面的几何轮廓为圆形，见图 8－1。

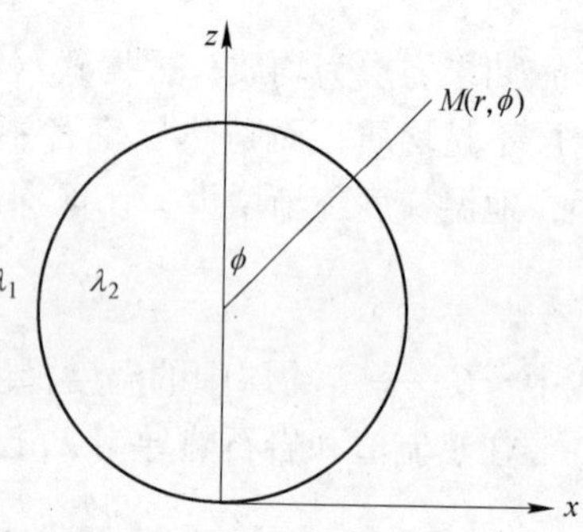

图 8－1 侵入体在 $x-z$ 平面为圆形的示意图

求解后可得侵入体内、外温度分布如下：

$$\theta_{内}(\phi) = -\frac{q^*}{\lambda_1}\left(1 + \frac{\lambda_1 - \lambda_2}{2\lambda_1 + \lambda_2}\right)\cdot z \tag{8-11}$$

$$\theta_{外}(\phi) = -\frac{q^*}{\lambda_1} - \left(1 + \frac{\lambda_1 - \lambda_2}{2\lambda_1 + \lambda_2}\cdot\frac{R^3}{r^3}\right)\cdot z \tag{8-12}$$

式中 q^*——未受侵入体干扰条件下的区域热流值；

R——侵入体圆形截面的半径；

r，ϕ——围岩中任一点位置的极坐标。

8.1.1.2 传导–对流型深部地温预测

随着开采深度的增加，矿山深部常有地下水的出现，地下水与围岩一直进行热交换，其热交换形态既有热传导又有热对流，是叠加过程。地下水的温度高低不同，有时吸收围岩热量，有时对围岩放热，当热交换达到平衡时，就成为稳定热传递，其二维温度场基本方程可表示为：

$$\left[\frac{\partial}{\partial x}\left(\lambda\frac{\partial\theta}{\partial x}\right)+\frac{\partial}{\partial z}\left(\lambda\frac{\partial\theta}{\partial z}\right)\right]-c\rho\left[\frac{\partial}{\partial x}(v_x\cdot\theta)+\frac{\partial}{\partial z}(v_z\cdot\theta)\right]+A=0 \quad (8-13)$$

式中 c，ρ——分别为地下水的质量热容和密度；

v_x，v_z——分别为地下水在 x 及 z 方向上的流速分量。

式（8–13）左端第一项和第二项分别为由热传导和对流引起的热量变化。第三项 A 为岩石放射性生热率，可忽略不计。

在多数情况下，地下水在围岩中的运动以水平运动为主，其运动模型如图8–2所示。

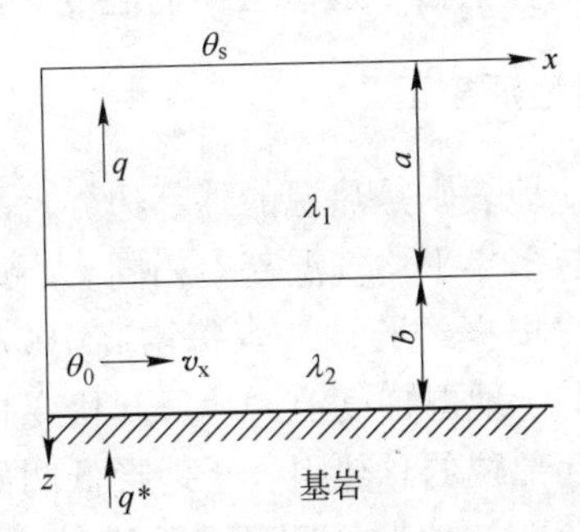

图8–2 地下水水平运动简化模型

含水层的厚度、埋深，地下水流速以及含水层与上覆不透水层中岩石的热导率决定了地下水水平运动对温度场的影响程度。温度场可用下列方程描述：

$$\lambda_2 b\frac{\partial^2\theta}{\partial x^2}-b\rho cv\frac{\partial\theta}{\partial x}+q^*-\frac{\lambda_1}{a}(\theta-\theta_0)=0 \quad (8-14)$$

式中 b——含水层厚度；

a——含水层埋深；

v——地下水的水平流速；

θ_0——地下水初始温度；

λ_1——不透水层的岩石热导率；

λ_2——含水层的岩石热导率；

q^*——下边界热流值。

式（8–14）中相应的边界条件为：

$$x=0,\theta=\theta_0$$

$$x = \infty, \theta = \theta_r \quad \text{（地下水与围岩温度达到平衡）}$$

θ_r 值由 q^* 和上覆不透水层的热阻 a/λ_1 及地面温度 θ_s 决定：

$$\theta_r = \theta_s + q^* \frac{a}{\lambda_1} \tag{8-15}$$

根据边界条件可求得式（8－15）的解为：

$$\theta = \left(\theta_r + q^* \frac{a}{\lambda_1}\right)(1 - e^{-nx}) + \theta_0 e^{-nx} \tag{8-16}$$

式中 n——对数衰减指数。

地下水流速较大、热传导对温度场的影响可以忽略不计时，式（8－16）可化简为：

$$\theta = \theta_r(1 - e^{-nx}) + \theta_0 e^{-nx} \tag{8-17}$$

从式（8－17）可以看出，地温沿水流方向呈指数函数变化。如果含水层中地下水的流速 v 为已知量，就可以根据上述公式计算出含水层顶板任意处的温度，然后根据热传导方程推算上覆不透水层中的温度。

8.1.2 深部温度推算中的地形校正

把地球看作一个热源，地表则是热源的外部边界，平坦的地表是等温面，地表与大气紧密接触，温度与多年平均气温基本相同。当地表起伏较大时，地面温度随高度的增加逐渐降低，根据经验，地表每增高 100m，气温和地表温度降低 0.5～1℃，递减速率一般低于地温梯度值。地形起伏变化的大小决定了地形对地温场的影响程度，地形凸起部位的总热阻大于地形低凹部位，导致了地球深部的均一热流在近地表时重新分配。地形低凹部位热阻较小，热流相对密集，反之，地形凸起部位，热流相对稀疏，这就是地形的温度场效应。鉴于此，在地形起伏变化较大的矿山区域利用山体外围平坦的地温梯度值向山体下部进行温度推算时，必须进行山体地形热效应的估算和校正，做出温度推算值的修正。

进行地形校正，可用有限元法建立地温场校正模型，模型的建立需做下列准备：

（1）在大比例尺（例如 1:60000）地形图上，通过测点切出地形起伏最大方向的剖面，该剖面的地形曲线即为模型的上界面。

（2）矿区多年平均气温和气温随高度增加的递减率。

（3）计算剖面内岩层的热导率。

校正模型的厚度可取 5km 左右，以热流测点为中心，两边各取 5km 作为宽度。在水平方向上，根据地形起伏情况可划分不等距的垂直条带，地形变化较大的地区网格划分要密些，垂直坐标的划分按下疏上密的原则进行，但网格的间距随地形起伏而变化，只输入相应测点处计算厚度的相对值。图 8－3 所示为一简单山体计算模型，设定条件：山体高度及基部半宽度均为 1km，模型厚度（H）

为5km，岩石热导率（λ）为2.51mW/(m·K)，底边界热流（q^*）为41.86mW/m^2，地面气温随高度增加的递减率（G'）为5℃/km。

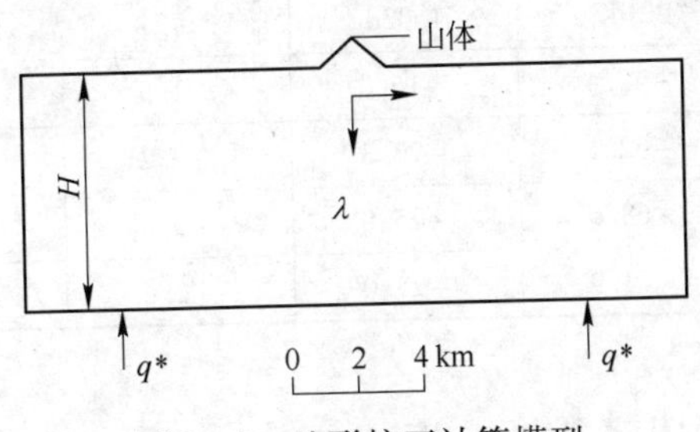

图8－3 地形校正计算模型

根据该设定条件，图8－4所示为校正结果，可以看出，深度125m处的热流值在山体部位低于底边界热流值。

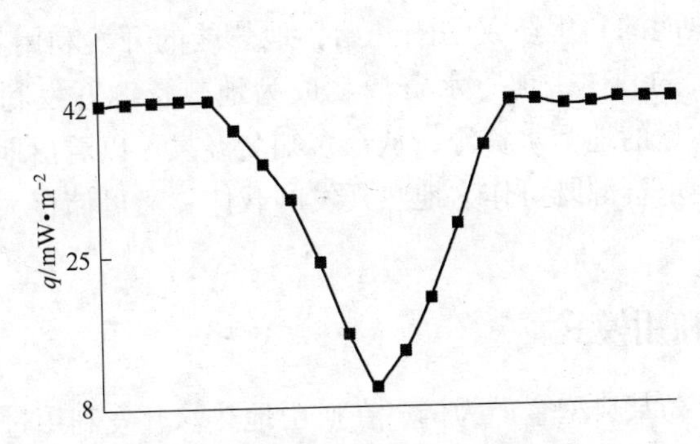

图8－4 模型125m深处的热流分布

表8－1所示为深度125m处校正系数R随底边界热流和水平距离x变化的数值。当热流值由21mW/m^2增加到84mW/m^2时，R由－42.4%变化到－71.9%。在水平距离x大于山脊高度两倍时，地形校正系数R小于2%，可忽略不计。表8－2所示为近山脊处（x＝125m）地形校正系数R随深度的变化。可以看出，R随深度增加而减小，当深度大于2倍山高时，地形的影响可忽略不计。

表8－1 q^*取不同值时，R沿x方向的变化

R/% q/mW·m⁻²	x/km				
	0.125	0.875	1.750	3.250	5.000
21	－42.4	－3.8	2.6	0.8	0.6
42	－62.1	－5.5	3.9	1.2	0.7
63	－68.6	－6.1	4.3	1.3	0.7
84	－71.9	－6.3	4.5	1.4	0.8

表 8-2 q^* 取不同值时，近山脊处 R 沿 z 方向的变化

q/mW · m^{-2} \ R/%	z/km				
	0.147	1.028	2.791	3.966	5.141
21	-42.4	-16.0	-1.6	-0.4	-0.2
42	-62.1	-23.3	-2.2	-0.7	-0.2
63	-68.6	-25.8	-2.5	-0.8	-0.2
84	-71.9	-27.0	-2.6	-0.9	-0.2

8.2 我国地热能利用可行性分析

我国靠近太平洋西岸的高热流值区域，世界上已经发现的地热田大部分位于这个地热带，我国地热资源具有得天独厚的优势，勘测出了大量的地热储量。但目前我国浅层地热能的利用还仅刚刚开始，地热能的开发利用具有广阔的前景。地下水是地热开发的载体，地下水资源就成为地热资源开发利用的一个先决条件。我国境内有大量的地下水资源，从众多知名温泉可以看出地下浅层热水资源丰富，地下大量的水资源既可作为地热开发的载体，又可储存大量的热能，供人类合理开发利用。

8.3 地热分级利用模式

本书以胶东半岛某典型金矿为例，在矿山地热水开发利用过程中强化环境意识，做到经济效益和环境效益、社会效益协调一致，提出矿区地热能分级利用和湿热治理一体化新模式，在节约湿热治理成本的同时，合理利用井下热能，使其经济效益最大化，力争为我国的绿色能源开发、节能减排工程提供一个崭新的模式。

8.3.1 典型金矿地热概况

该金矿矿区属于滞水型蓄水构造，在地形和地质构造上都有利于地下水的补给，地下水补给条件优于排泄条件，含水层能长期保存地下水。矿区气候属北温带大陆性季风气候，四季分明。沿沟谷分布有较多的小水库。矿床属热液蚀变岩型金矿床，矿体赋存于金矿断裂蚀变代的中段，矿井每天自动涌水量为1200m^3，属热水型矿井，严重影响矿井的环境温度，也是导致矿井作业温度超过《矿山安全条例》规定（28℃）的主要原因。热水的蒸汽通过 7 中段石门巷道向水泵房排放，大大增加了巷道石门处空气的湿度和温度，加上循环风不畅通，导致了 7 中段巷道的高温。如果能够找出一种办法，既解决了井下水害热害问题，又可以充分利用地热资源，这种一举两得的好办法，对我国矿业领域实现清洁能源、环

保能源目标会起到很大的作用。

8.3.2 矿井热能开发新方法

可以用一个简单的模型，表征用水作为载体带走热岩能量的原理（见图8－5）。

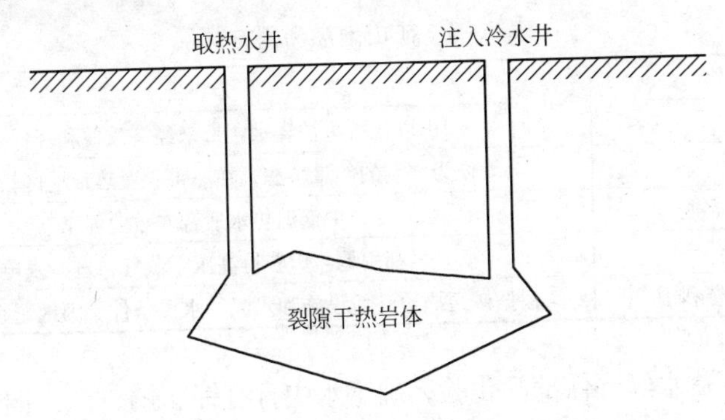

图8－5 人工压裂热岩开发地热示意图

当地下热岩具备合适的裂隙时，这些裂隙通常会被水或蒸汽所饱和，在地下热岩体的两侧分别钻两口井，如图8－5所示，将水注入地热储层，用流动水充分地冲洗大面积干热岩层，就能长期获得高温水。国外对地热岩体的能量利用，也都是利用这个原理。这种地热利用的方法，存在两个难点：

（1）先进的地下热岩探测技术；

（2）昂贵的钻井费用。

如果在地热能利用过程中能够有效解决这个技术要求高、需要大量费用的难题，那么在清洁能源利用上无疑会有更大的进步。

矿山开采过程中会有大量的热水和热岩石暴露出来，如果能够把矿山开采中出现的地热能加以利用，就不需要热岩石的勘探和钻井工序，同时抽出了井下的热水，减少热水向空气中散湿散热，降低井下热岩石温度，消除矿山开采过程中井下高温作业带来的困扰。

在总结矿山实际工作经验的基础上，提出矿区热害治理和热能利用一体化的新方法：绕开地热开发中的钻井和热储层勘测难题，把矿山开采中的自然井巷和热岩壁合理利用转化为取热水井和热储岩体。如果矿井内热水量有限，在试验论证裂隙安全性和持久性的基础上，为了获得更多的热水，可以建立人工压裂岩体控制模型，用高压水泵将热岩压裂，使岩体具有渗流效果更好的裂隙，裂隙出口最终汇聚在设计巷道中，热水导入井下热水仓，再从热水仓将其汲取到地面加以利用。这种方法完全避免了热岩勘测技术的困扰和钻井费用高的问题，用很少的投入就会获得大量的清洁能源。同时，通过把热水汲取到地面，能有效地控制和治理井下的高温危害，提高工作效率，节约湿热治理投资。

8.3.3 分级利用模式的提出

对矿山开采中出现的地热，部分矿山已进行初步利用，并取得较好的效果[125]，当前矿山地热的主要利用方式见表8－3。

表8－3 矿山地热利用方式

利用方式	分　析
地热供暖	可以代替锅炉烧水，带来经济效益和环保效益
地热制冷	作为空调的能量来源，在热带、亚热带地区较为适用
用于养殖和农业	中低温热水适合农牧业养殖
地热发电	利用地热田获得高压干蒸气，进行发电
地热水多级综合利用	根据矿区周边环境设施和水温、水质条件，因地制宜地加以利用

该金矿矿下热水经环保部门化验，确定水中含有钾、钠、铁、铜、钙、镁、镭等29种化学成分和矿物质，其具有舒筋活血、杀菌消炎等效能。70℃左右的水温，是开发温泉的绝佳资源，矿区所处地理位置交通发达，完全可以将地下热能开发后建立一个完善的温泉开发系统，结合该金矿周围环境设施，可以将温泉之后的水进行分级利用设计。根据矿区周围环境，可实施如图8－6所示的综合利用模式，地下水所承载的热能充分利用后，利用回灌井再回灌到地下热储层，进行循环利用。

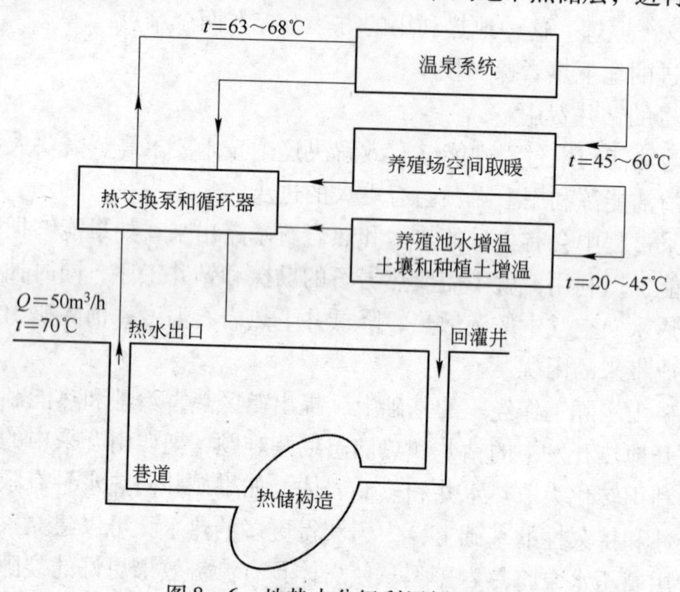

图8－6 地热水分级利用剖面图

8.4 矿山地热能促进沼气生物质能研究

发展低碳经济、减少碳排放量是2010年丹麦哥本哈根气候大会上各国讨论的焦点[126]，经济社会持续快速的发展离不开有利的能源保证[127]。因此，建设节约型社会，加大节能减排的力度，增加可再生能源占社会能源供给的比例，是科技人员应该深入探讨的重点问题。沼气作为一种可再生的生物质能，国家已经在广大农村地区大力推广。沼气的主要原料为农作物秸秆，沼渣可作为肥料培育农作物，沼气可实现物质再生循环化。沼气综合利用可形成如图 8 – 7 所示的良性循环系统。

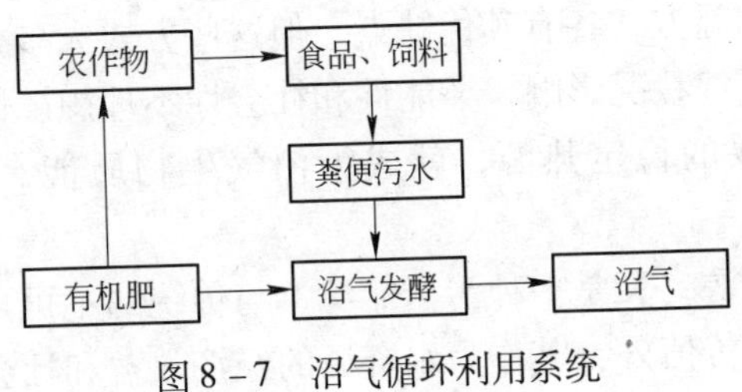

图 8 – 7　沼气循环利用系统

8.4.1　温度对产气量的影响

沼气池中的温度是决定产气量的重要因素，一般的沼气池都是在常温下发酵，产气率低。温度是沼气发酵的重要外因条件，温度适宜则细菌繁殖旺盛，活力强，厌氧分解和生成甲烷的速度就快，产气就多。从这个意义上讲，温度是产气量的关键。研究发现：在 10 ~ 60℃的温度范围内，沼气能正常发酵产气。低于 10℃或高于 60℃都会严重抑制微生物生存、繁殖，影响产气。在这一温度范围内，温度愈高，微生物活动愈旺盛，产气量愈高。微生物对温度变化十分敏感，温度突升或突降，都会影响微生物的生命活动，使产气状况恶化。对于沼气池内发酵温度，在常规情况下分为 3 个阶段：46 ~ 60℃为高温发酵，28 ~ 38℃为中温发酵，10 ~ 26℃为常温发酵。大多数沼气池靠自然温度发酵，属于常温发酵。发酵温度虽然范围较广，但在 10 ~ 60℃温度范围内，温度越高，产气越多。在冬季沼气池产气量很少，甚至不产气，严重制约了沼气的使用和推广，其主要原因是由于环境温度过低，降低了沼气发酵微生物的活性。

8.4.2　沼气池加温热源分析

温度作为沼气池产气量的关键因素，国内外相关领域的科技工作者做了大量研究和试验[128,129]。目前常见的沼气池加温方式有电热膜加温、太阳能加温、化石能源热水锅炉加温、沼气锅炉加温、沼气发电余热加温和燃池式加温 6 种。电热膜加温是在沼气池外表面涂一层电热膜进行加温，这种方法需要消耗大量电能，节能性不理想[130]。太阳能加温系统靠集热装置集中太阳热能，提高温度，对料液进行加温[131]，该系统节能环保，但易受天气状况影响。化石能源热水锅炉加温是通过热水锅炉的换热设备对沼气池料液加温，这种方法需要消耗煤炭等燃料，同时产生大量烟尘和有害气体。沼气锅炉加温，是燃烧系统自身产生的一部分沼气，通过燃烧产生高温烟气，依靠高温烟气给发酵池加温，对设备和操作技术要求比较高[132]。沼气发电余热加温是在沼气热电联产工程中，将燃气内燃机排放的高温气体回收，利用气体余热加温发酵料液，只能在大型沼气池工程中应用[133]。燃池加温是依靠沼气池地下的阴燃坑发生阴燃对料液加温，这种方法具有一定的危险性，同时对环境有一定的污染。

以上6种常见加温方式各有其优缺点，但这些方式大多是以消耗电能和燃料为代价，或者易受天气状况影响，节能性和社会性不理想。因此，为沼气池提供成本低廉、经济环保的稳定热源，就成为沼气生物质能有效开发利用的关键问题。

地热水既是水资源，又是一种清洁能源，与传统的不可再生能源相比，地热水除具有很高的热能价值外，其作为水资源的经济效益和社会效益也是不可忽视的，若不合理开采利用，不仅浪费资源，还会破坏生态与地质环境。矿山开采过程中，矿井地下热岩体、渗透出的热水导致了高温、高湿的井下作业环境，以致湿疹频发，久治不愈，矿山不得不频繁更换井下工人，降低了工作效率。同时，地下水的流失也导致地质结构发生显著变化，地基承载力减弱，出现地面裂缝、沉降等现象，矿山开采暴露出的地热一方面破坏了矿山生产环境，另一方面又造成大量地热资源和水资源的白白流失，这是矿山工作者亟待解决的问题。矿山周边的农林环境为沼气池提供了良好的使用条件，基于大量实践，提出汲取矿山井下热水作为沼气池的加温热源，这种方法既可以消除井下湿热造成的危害，又充分利用地热资源和地下水资源，可谓一举两得。矿山地热水充足稳定，弥补了常规热源的缺点，以地热能促进生物质能，实现能源循环促进。

8.4.3 地热加温沼气池试验

8.4.3.1 加温试验系统设计

在以前研究成果的基础上[134~136]，作者改进设计了螺旋管加温沼气池试验台，利用自制沼气池试验台进行矿山地热水对沼气池加温试验。沼气池加温系统结构示意图见图8-8。

将矿井汲取的热水导入沼气池内螺旋管进行循环加热，平均水温65℃。热水导入螺旋管内循环加热，通过螺旋管换热对沼气池内料液进行加温，模型沼气池外用挤塑聚苯乙烯进行保温，螺旋管材料采用普通无缝钢管，钢管外涂耐高温防腐材料。沼气池温度测试点均匀布置于池内，池内按料液深度平均分成三层，每层布置一只热电偶。

8.4.3.2 螺旋管换热过程分析

螺旋管加热器的传热原理是由圆管内侧的对流换热、圆管壁的导热和圆管外

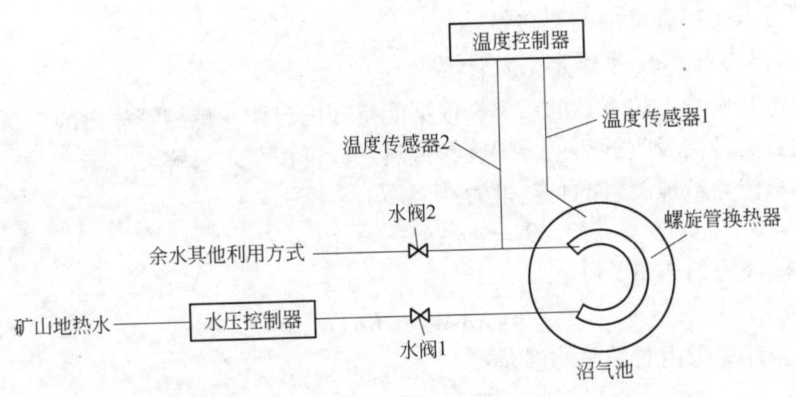

图8-8 沼气池加温系统结构示意图

侧的对流换热三个热量传递构成的传热过程。在此试验系统中，螺旋管传热是稳态传热，可利用热阻概念建立热流量模型[137]。根据牛顿冷却公式和圆管壁稳态导热公式，可以把螺旋管的热流量分别表示为：

$$\Phi = \pi r_1 l h_1 (t_{f1} - t_{w1}) = \frac{t_{f1} - t_{w1}}{\dfrac{1}{\pi r_1 l h_1}} = \frac{t_{f1} - t_{w1}}{R_{h1}} \tag{8-18}$$

$$\Phi = \frac{t_{w1} - t_{w2}}{\dfrac{1}{2\pi\lambda}\ln\dfrac{r_2}{r_1}} = \frac{t_{w1} - t_{w2}}{R_{\lambda}} \tag{8-19}$$

$$\Phi = \pi r_2 l h_2 (t_{w2} - t_{f2}) = \frac{t_{w2} - t_{f2}}{\dfrac{1}{\pi r_2 l h_2}} = \frac{t_{w2} - t_{f2}}{R_{h2}} \tag{8-20}$$

式中 r_1，r_2——分别为螺旋管内外半径；

l——螺旋管长度；

λ——热导率（常数）；

t_{f1}——管内地热水温度；

t_{f2}——管外料液温度；

h_1，h_2——分别为螺旋管内外两侧表面传热系数；

t_{w1}，t_{w2}——分别为管内外两侧壁温度；

R_{h1}，R_{λ}，R_{h2}——分别为螺旋管内侧对流换热热阻、管壁导热热阻、螺旋管外侧对流换热热阻。

在稳态情况下，联立式（8-17）、式（8-18）、式（8-20）可得：

$$\Phi = \frac{t_{f1} - t_{f2}}{\dfrac{1}{\pi r_1 l h_1} + \dfrac{1}{2\pi\lambda l}\ln\dfrac{r_2}{r_1} + \dfrac{1}{\pi r_2} l h_2} = \frac{t_{f1} - t_{f2}}{R_{h1} + R_{\lambda} + R_{h2}} \tag{8-21}$$

由式（8-21）可知，只需测得螺旋管内地热水温度和沼气池中料液温度变化，即可求得螺旋管的传热热量。

8.4.3.3 螺旋管传热系数计算

对于螺旋管传热系数的求解，根据能量守恒定律，螺旋管放出的热量等于池内料液温度升高吸收的热量，螺旋管传热系数可按下式求解[138]。

热水传导给螺旋管的总热量为：

$$Q = cm\Delta t = cm(t_1 - t_2) \tag{8-22}$$

料液吸收的热量为：

$$Q = KA\Delta t' = KA(t_t - t_0) \tag{8-23}$$

温差计算采用对数平均温差：

$$\Delta t' = \frac{\Delta t_1 - \Delta t_2}{\ln \dfrac{\Delta t_1}{\Delta t_2}} = \frac{(t_1 - t_a) - (t_2 - t_0)}{\ln \dfrac{t_1 - t_0}{t_2 - t_0}} \tag{8-24}$$

联立式（8－22）、式（8－23）、式（8－24）即可求出传热系数 K。

由表 8－4 中实验数据可知，螺旋管出口水温温差越小，其换热系数越低。

表 8－4 螺旋管加热实验数据

序号	加热时间/min	进水温度/℃	出水温度/℃	传热系数/W·(m²·℃)⁻¹
1	60	65	52.9～56.9	300～400
2	120	65	49.9～56.6	350～450
3	180	65	50.5～57	350～500

8.4.3.4 产气效果分析

为了增强加温效果实验的可比性，该实验在加温沼气池和未加温沼气池两个池内同时进行，实验时间为 30 天。其池内料液温度对比和产气量对比分别见图 8－9和图 8－10。

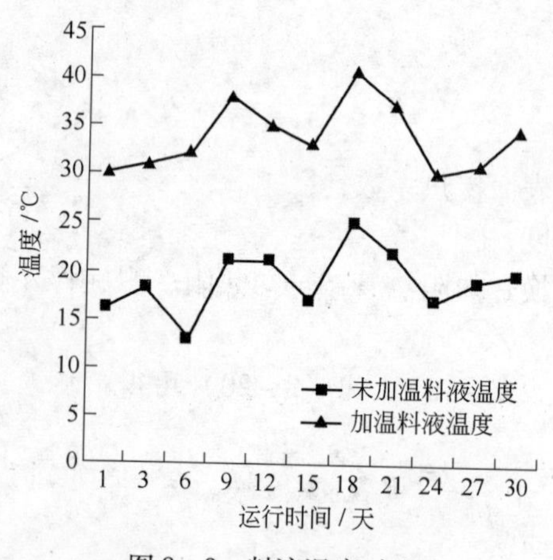

图 8－9 料液温度对比

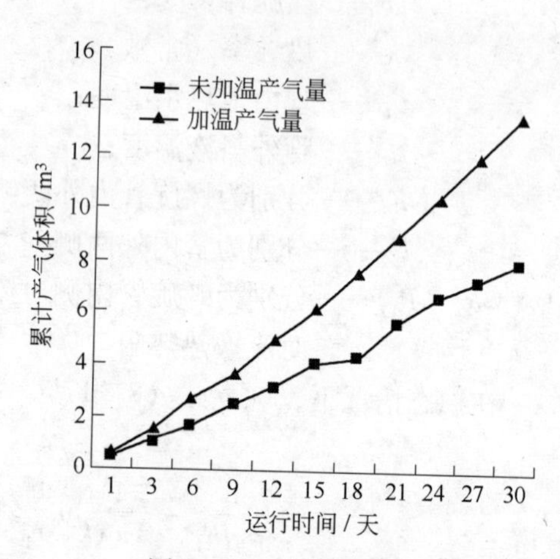

图 8－10 产气量对比

由图8－9、图8－10可知，加温后沼气池内料液温度有了明显上升，沼气产量也有大幅度提高，说明螺旋管加热沼气系统运行效果良好。

8.4.4 加温系统成本效益分析

8.4.4.1 沼气池建设模式

根据实验基地附近农户情况实地调查，大棚养殖户可建“四位一体”（沼气池—厕所—猪舍—温室大棚）模式的沼气池；大部分农户可建“三位一体”（沼气池—猪舍—厕所）模式的沼气池，沼气池所需原料采用人畜粪便、秸秆等农户自产资源。在沼气池上面新建厕所或畜禽舍，粪便直接进入沼气池。室内安装沼气管道，厨房做饭基本不用大锅烧柴，采用沼气做饭、照明等节能方式。

8.4.4.2 沼气池成本预算

采用矿区地热水加温方式，可以极大提高沼气产量，一户五口之家建10m^3沼气池可以基本保证沼气的充足使用，原料为1t水泥、1m^3石子、1m^3粗砂及其他辅料，原料造价700元左右；采用高档沼气灶具及配件约300元；建沼气池用工费约500元；矿井地热水采用总输水管道输送，输送动力主要为井下水泵向地表排水的动力，各户沼气池由总管道接出分支到沼气池螺旋管内，具体根据实际情况而定，一般约需300元。综上所述，矿区附近农户建10m^3地热加温沼气池的总成本约1800元。

8.4.4.3 地热加温效益分析

以试验结果为依据进行耗能计算，循环热水的密度取995.5kg/m^3，质量热容取4.186kJ/(kg·K)。折算结果如下：1座10m^3的沼气池，利用矿区地热能进行加温，每年可节省柴薪2000kg、煤1200kg、电150kW·h、化肥300kg，按目前市场价格折算，每年可节省支出2000多元。

8.5 余水回灌系统实验研究

地下水资源是我国国民经济发展的宝贵资源，但大量开采地下水而又不能及时进行补充，将会导致在地下水的集中开采区出现地下水水位下降、地面沉降等一系列地质问题[139]。我国矿产资源丰富，在矿业经济快速发展的同时，开采过程中井下涌出的地下水也越来越多，地下水不能及时得到补充将导致地质结构发生显著的变化，地基承载力减弱，出现地面裂缝、沉降等现象。这种现象在胶东半岛尤为突出，曾多次出现整体房屋倒塌，省级公路塌陷，对人们的生命财产造成很大的威胁，这与采矿过程中大量的地下水直接排放、没有采取任何回灌的措施有很大的关系。国内外学者对地下水回灌技术的研究已取得很多成果[140~142]，但针对矿业领域矿井涌水造成的地下水流失问题，尚需进一步深入研究。

8.5.1 回灌技术原理

研究回灌技术，基本原理应从渗透理论入手[143]，对于均匀裂隙的土体或岩体，单位时间通过面积 A 的渗水量 Q 与上下游水头差（$h_1 - h_2$）成正比，而与渗样长度 L 成反比：

$$Q = kA(h_1 - h_2)/L \tag{8-25}$$

式中 $(h_1 - h_2)/L$——水力坡度，用 J 表示；

k——渗透系数。

从式（8－25）可以看出，回灌量的大小与渗透系数、渗透面积、压差大小、渗透长度有关。在工程实践中，根据实际所需回灌量的大小，调整影响回灌量的因素，可以达到量化回灌值，由于不同矿区地质构造不同，其渗透系数需通过现场试验获取。

以连续性原理和达西定律为基础，房营光[144]、叶耀东[145]建立了三维非稳定流数学模型：

$$\frac{\partial}{\partial x}\left(k_{xx}\frac{\partial h}{\partial x}\right)+\frac{\partial}{\partial y}\left(k_{yy}\frac{\partial h}{\partial y}\right)+\frac{\partial}{\partial z}\left(k_{zz}\frac{\partial h}{\partial z}\right)-W=\frac{E}{T}\frac{\partial h}{\partial t}(x,y,z)\in\Omega \tag{8-26}$$

$$h(x,y,z,t)\mid_{t=0} = h_0(x,y,z) \quad (x,y,z\in\Omega) \tag{8-27}$$

$$h(x,y,z,t)\mid_{\Gamma_1} = h_1(x,y,z,t) \quad (x,y,z\in\Gamma_1) \tag{8-28}$$

$$E=\begin{cases}S\\S_y\end{cases}\qquad T=\begin{cases}M\\B\end{cases}\qquad S_s=\frac{S}{M}$$

式中，S 为承压含水层储水系数；S_y 为潜水含水层给水度；M 为承压含水层单元体厚度；k_{xx}、k_{yy}、k_{zz}分别为各向异性主方向渗透系数，m/d；h 为点（x，y，z）在 t 时刻的水头值，m；W 为源汇项，1/d；h_0 为计算域初始水头值，m；h_1 为第一类边界的水头值，m；S_s 为储水率，1/m；t 为时间，d；Ω 为计算域；Γ_1 为第一类边界。

在此基础上，张永亮、蔡嗣经等[146]分析了矿山岩体裂隙渗流特性。三维非稳定流模型适用于常规金属矿区的回灌地下渗流过程。

8.5.2 金属矿区回灌方案设计

8.5.2.1 矿区回灌目的

矿区回灌就是将开采过程中矿井内涌出的地下水再注入地下含水层中。胶东半岛地下水资源丰富，大部分矿山在开采中都会出现涌水，实践中发现，部分矿山的日涌水量超过 $10000m^3$。地下水长时间快速消耗，如果没有有效的补水措施，不可避免地将导致地下水位下降，并会进一步发展。胶东半岛临近黄海，随着地下水位的下降，随之而来的地面沉降和海水入侵，将会对矿区的生态环境甚至地面安全造成很大破坏。根据矿山的具体情况，采取有效的回灌措施可以补充地下水源，调节水位，维持储量平衡，防止地面沉降。所以，为保护地下水资源，对于开采中有涌水的矿山，一般应采取回灌措施，对于涌水严重的矿山，应进行有效回灌。

8.5.2.2 回灌水质选择

由于回灌的目的和生态环境各不相同，不同的地区或者部门根据自身情况分别制定了不同的回灌水质标准。回灌用水的水质要好于或等同原地下水水质，回灌后不会引起原地下水水质污染。在水质方面，矿山应尽量采用从矿井下抽出的水源作为回灌水，这样水质几乎没发生变化，回灌不会引起地下水污染。胶东半岛金属矿山周边大多为农林环境，井下涌水如果为地热水，抽出地表后也可以先进行热能利用，如用于大棚温室增温等，利用后的尾水根据水质情况决定是否需要进行净化处理，再进行回灌。

8.5.2.3 回灌类型选择及回扬分析

常见的回灌方式有诱导补给、注入补给和渗入补给。根据矿区的具体情况，多数金属矿山采用注入式回灌技术。注入式回灌一般利用管井进行自然回灌，尤其对于含水层渗透性较好的地质条件，更适合自然回灌。对于地层透水性良好、水位较深的情况，适合负压回灌。对于地层透水性较差、地下水位较高的情况，适合加压回灌。

回灌井在开泵抽排水时，排除由于各种原因产生的堵塞物，称为回扬。回灌井通过管井进入地下含水层，水在含水层空隙中流动时，带动不够稳固的细小黏土颗粒迁移，水流速度越快，带动的黏土颗粒越多，这样这些黏土颗粒就容易在比较狭窄的空隙部位产生阻塞，这种现象称为桥堵。桥堵会很大程度上破坏回灌效果。而胶东半岛金属矿区地下一般为岩溶裂隙含水层，结构牢固稳定，轻易不会形成稳定桥堵，这样就可以大大减少回扬次数，这也是胶东半岛金属矿区进行回灌的优势。根据各矿区的地质构造不同，可视情况确定回扬周期，一般排完浑水，出现清水后即可结束回扬。

8.5.3 回灌试验分析

8.5.3.1 回灌井位置布设

在实验矿山已有管井的基础上进行管井注入回灌试验。该矿区已形成区域性地下水位降落漏斗，地下水质调查发现，矿区外围海岸带已发生了海水入侵现象，因此必须在地下水位降落漏斗处进行地下水回灌。因为漏斗处具有充分的储水空间，且与渗水矿井相距约500m，不会产生水质污染，因此，试验中三口回灌管井设置在漏斗区域外侧，见图 8－11。

8.5.3.2 回灌管井参数

试验采用含水层存储与恢复技术（aqrifer stouage and recoviry，ASR）进行地下水回灌，以达到即使开采矿井渗水也能恢复地下水降落漏斗的效果，ASR 回灌基本装置见图 8－12[147]。管井钻穿空隙水含水层，井深 52m，井管直径 0. 35m，过滤器长 6. 5m，根据经验[148]，采用双层缠丝贴砾过滤器，回灌井结构示意图见图 8－13。

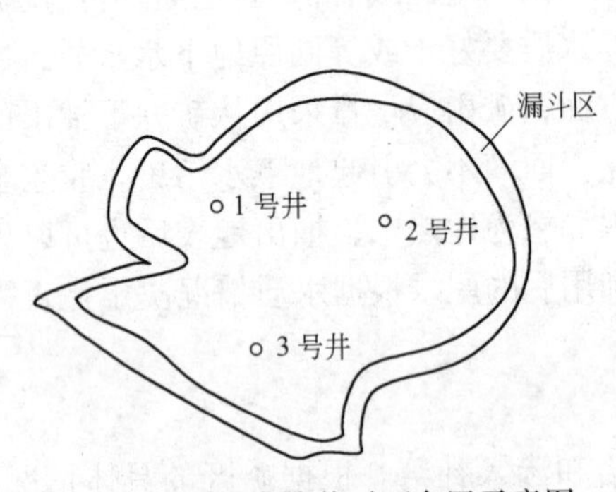

图 8－11 回灌管井平面布置示意图

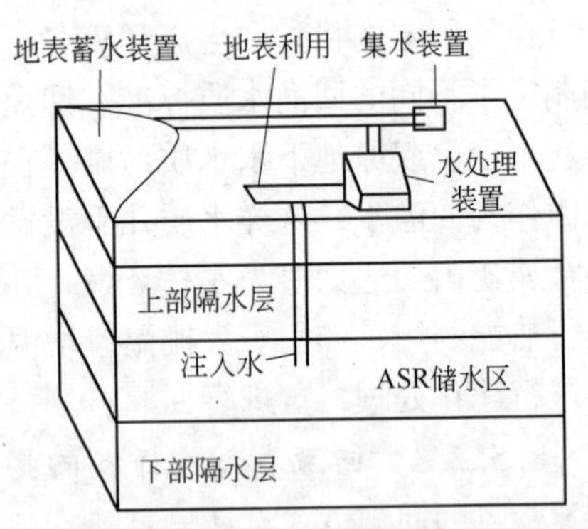

图 8－12 ASR 基本装置示意图

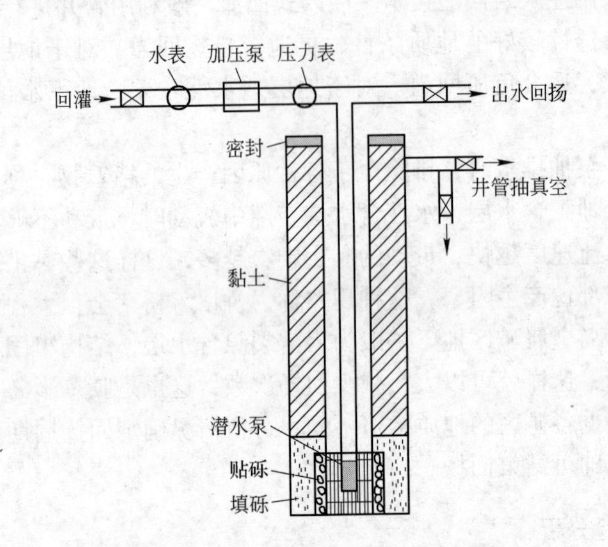

图 8－13 回灌管井结构剖面示意图

8.5.3.3 回灌试验结果

试验采用加压回灌的方式，不同时间段进行了类似的 3 组试验，将 3 口井分别单独进行回灌，通过观测另外两口井的水位变化情况来衡量回灌效果。以 1 号井进行回灌时的试验为例，回灌时间为 20h，回灌总量为 98m^3，回灌总流量与时间变化曲线见图 8－14；1 号井进行回灌时，2 号、3 号井水位上升变化过程见图 8－15。

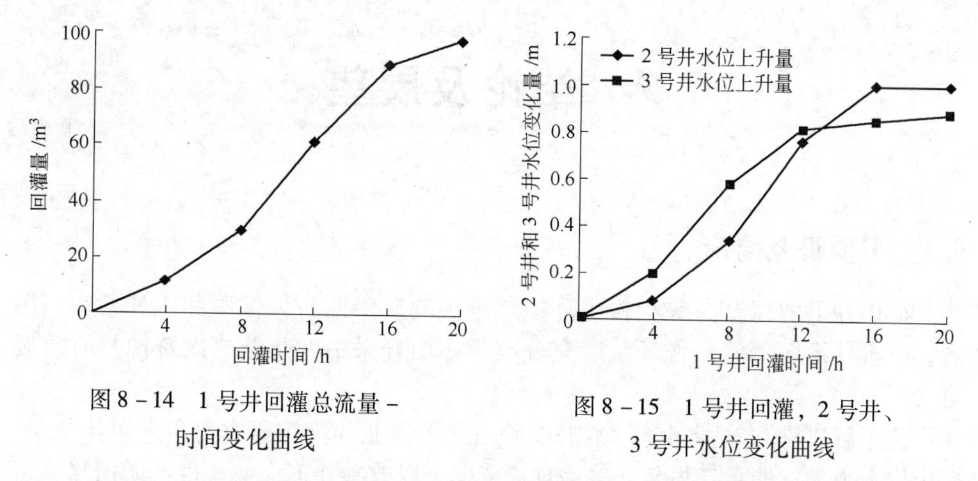

图 8－14　1 号井回灌总流量－时间变化曲线

图 8－15　1 号井回灌，2 号井、3 号井水位变化曲线

从图 8－15 可以看出，随着 1 号井的回灌，2 号井和 3 号井水位明显上升，回灌超过 16h 以后，水位基本趋于稳定，结果表明回灌水在矿区地下有较为顺畅的渗流现象，能够有效提升地下水位。通过回灌试验可知该典型试验矿区进行加压回灌能对地下水位做一定控制，ASR 回灌不仅实现了地热资源和水资源的循环利用，同时也补充了地下水的流失，避免了因地下水流失造成的地面下降、海水入侵等地质灾害。

8.6　本章小结

建立了矿山深部开采地温预测模型，为后期矿山深部热害治理以及热能利用提供理论依据。阐述了矿山地热资源可因地制宜、分级利用的思路，在传统地热水开采方法的基础上，提出将矿井作为地热开采的热水井，在排出热水、减轻热害的同时，也可用较低的成本获取清洁的地热，真正做到变害为利。根据矿山周围的农林环境，提出地热能促进沼气生物质能的新方法，将矿山地热水通过沼气池螺旋管提升沼气池料液温度，选择典型矿山作为基地进行实验验证，实验表明，沼气池在螺旋管加温系统作用下，料液温度可保持在 35℃ 左右，属中温发酵范围，接近高温发酵，产气量比未加温时有明显提升，证实了螺旋管加温的有效性。利用实验基地现有回灌井将热能利用结束后的尾水进行回灌，既利用了地热资源又可以保证回灌水质与原地下水水质基本一致，避免了地下水污染和地表沉降的地质灾害，真正实现了经济、资源和环境的协调发展。

9 结论及展望

9.1 主要研究结论

矿山井下的高温高湿和粉尘环境严重影响矿工的身体健康和工作效率。因此，改善井下恶劣的工作环境、充分利用矿山开采中的热能二次资源具有重要意义。

为了解决深井热害问题，本书以矿山井下作业环境为研究对象，以传热学、矿山岩石力学、能量守恒定律等为理论依据，以改善井下作业条件、矿山热害资源化利用为根本目标，进行了巷道环境下通风模拟、湿热交换模拟以及除尘除毒技术的研究。

通过对矿山井下大气环境的治理和地热资源利用的研究，总结如下：

（1）建立了矿区地热资源循环利用模式。该模式有助于合理利用矿区热能，开创矿山立体经营模式，改善井下高温高湿的恶劣环境，做到变害为利，一举两得。

（2）根据传热学原理，建立了矿井风流与巷道围岩湿热预测模型，并结合以前科研工作中所测得的井下参数，对建立的数学模型进行可行性验证，结果表明模拟结果和实测结果变化趋势吻合度良好，证明了风流与围岩湿热预测模型的可行性。

（3）建立了矿区深部地温预测模型，用有限元法建立矿山地形校正模型，对深部地温推算值进行修正，对矿山深部开采的温度预测能够起到可靠的预测作用。

（4）根据FLUENT模拟得出的围岩－风流湿热交换规律，将此作为选取需风作业面风量、风速的参考，将多级机站通风降温的方式应用于湿热矿井，明确通风系统中风机的选型和降温系统运行中应注意的问题。建立矿山深部地温预测模型，为矿山深部开采湿热治理提供依据。

（5）矿山地下水在岩体中的流动与岩石裂隙变形相互影响，相互作用，通过建立岩体裂隙和流体渗透关系模型，初步明确水在裂隙热岩中流动时，水和热岩的相互影响关系。

（6）从矿井工人的耗氧量、新风耗氧量以及矿井漏风耗氧量三个方面来计算矿井增氧量，进行井下作业面供氧系统设计，为矿井采掘工作面实施增氧技术提供依据。

（7）利用矿山地热水通过螺旋管作为沼气池进行加温，实验证实，螺旋管的换热性能有利于在沼气池内传导热量。沼气池在螺旋管加温系统作用下，产气量比未加温时有明显提升，证实了螺旋管加温的有效性。

（8）通过回灌试验，典型矿区进行加压回灌能对地下水位做一定控制。胶东半岛金属矿区地下含水土层和岩体裂隙渗透性较好，适合回灌渗透。热能利用后的尾水进行回灌，既利用了地热资源又可以保证回灌水质与原地下水水质基本一致。

9.2 主要创新点

（1）根据实际情况设定巷道边界参数，应用 fluent 软件分别对平巷和竖井进行围岩和风流之间的湿热交换仿真分析，得出巷道温度、湿度相互影响规律，为湿热治理措施的选择提供依据。

（2）基于地质学和热力学理论，建立了传导型温度场和传导－对流型温度场两类地温场的深部温度推算模型，为矿山深井湿热治理和热能利用提供科学依据。

（3）基于热阻概念建立热流量模型，分析了螺旋管传热性能，将矿区地热水通过螺旋管对沼气池料液加温，以地热能促进生物质能的生成。

9.3 展望

金属矿山井下湿热治理和热能资源利用一体化技术得以实现，需要通过大量的理论和实验进行系统性的研究，而本书只是对此作了初步的探索，还有诸多值得进一步探讨的问题：

（1）井下高温岩体压裂控制模型需要进一步研究，通过现场实验来发现和解决理论分析计算中不能反映的问题。

（2）在矿山井下热水利用之前，首先要检测其水质，然后根据不同的利用模式确定是否需要进行水质处理，力争用最少的投入和先进的工艺，实现热能和水资源利用的最大化。

参考文献

[1] HE Man - chao. Application of HEMS cooling technology in deep mine heat hazard control [J]. Mining Science and Technology, 2009, 19 (3): 269 ~ 275.

[2] 苏昭桂. 巷道围岩与风流热交换量的反演算法及其应用 [D]. 青岛: 山东科技大学, 2004, 6: 4 ~ 5.

[3] 李学武. 山东济三煤矿热环境参数分析及通风降温可采深度研究 [D]. 青岛: 山东科技大学, 2004, 10.

[4] 严荣林, 侯贤文. 矿井空调技术 [M]. 北京: 煤炭工业出版社, 1994: 1 ~ 200.

[5] 王隆平. 矿井降温与制冷 [M]. 北京: 煤炭工业出版社, 1989: 10 ~ 50.

[6] 褚召祥. 矿井降温系统优选决策与集中式冷水降温技术工艺研究 [D]. 青岛: 山东科技大学, 2011, 6: 1 ~ 13.

[7] 李瑞. 深井掘进巷道热灾害预测模型研究 [D]. 西安: 西安科技大学, 2009, 5: 1 ~ 9.

[8] 抚顺煤科院瓦斯通防安全研究所. 矿井降温技术的50年历程 [J]. 煤矿安全, 2003, 9.

[9] O' Brien G S, Bean C J, McDermott F. Numerical investigations of passive and reactive flow through generic single fractures with heterogeneous permeability [J]. Earth and Planetary Science Letters, 2003, 213 (3 ~ 4): 271 ~ 284.

[10] Zeng L B. Fracture and its seepage characteristics in low - permeability sandstone reservoir [J]. Chinese Journal of Geology, 2004, 39 (1): 11 ~ 17 (in Chinese).

[11] Legrand J. Revisited analysis of pressure drop in flow through crushed rocks [J]. Journal of Hydraulic Engineering, 2002, 128 (11): 1027 ~ 1031.

[12] Engelhardt I, Finserle S. Thermal - hydraulic experiments bentonite/ crshed rock mixtures and estimation of effective parameters by inverse modeling [J]. Appfied Clay Science, 2003, 23 (1 ~ 4): 111 ~ 120.

[13] 徐天有, 张晓宏. 堆石体渗透规律的试验研究 [J]. 水利学报, 1998, 1: 80 ~ 83.

[14] 刘建军, 刘先贵, 等. 渗透岩石非线形渗流规律研究 [J]. 岩石力学与工程学报, 2002 (4): 556 ~ 561.

[15] Cundall P A. Distinct Element Models of Rock and Soil Structure [C] // Brown E T. Analytical&Computational Methods in Engineering Rock Mechanics, 1987: 129 ~ 163.

[16] 任建喜, 陈清安, 赵普生. 裂隙岩体破坏过程的DDA仿真方法初探 [J]. 西安矿业学院学报, 1998, 9: 32 ~ 36.

[17] 张永亮, 蔡嗣经, 董宪伟. 应用于矿山地下热水源的热泵空调系统设计 [J]. 矿业研究与开发, 2010, 30 (6): 46 ~ 49.

[18] 张永亮, 蔡嗣经, 吴迪. 胶东半岛金属矿区ASR法浅层回灌技术研究 [J]. 矿业研究与开发, 2011, 31 (6): 22 ~ 26.

[19] 白莉, 石岩. 我国北方农村沼气冬季使用技术研究 [J]. 中国沼气, 2008, 26 (1): 37 ~ 41.

[20] 王海涛. 矿井风量预测中网络图自动生成系统的研究 [D]. 太原理工大学, 2006, 5: 16 ~ 17.

[21] 吴东旭. 凤凰山矿通风系统优化改造研究 [D]. 辽宁工程技术大学, 2006, 12: 6~14.
[22] 屈世甲. 矿井通风基础数据获取及网络图优化方法的研究 [D]. 西安科技大学, 2010: 42~47.
[23] 黄元平, 李湖生. 矿井通风网络优化调节问题的非线性规划解法 [J]. 煤炭学报, 1955, 32 (1): 14~20.
[24] Li Bingrui. Development of Management System for Mine Ventilation and Safety Information [C]. Proceedings in Mining Science and Safety Technology, 2002: 309~314.
[25] 邱进伟. 矿井通风系统分析与优化研究 [D]. 安徽理工大学, 2005, 5: 25~26.
[26] 王从陆. 非灾变时期金属矿复杂矿井通风系统稳定性及数值模拟研究 [D]. 中南大学, 2007, 3: 17~18.
[27] 张柏春. 东塘子铅锌矿矿井通风系统研究 [D]. 西安建筑科技大学, 2009, 12: 33~43.
[28] 徐瑞龙. 通风网路理论 [M]. 北京: 煤炭工业出版社, 1993: 37~179.
[29] 黄祥瑞. 可靠性工程 [M]. 北京: 清华大学出版社, 1990.
[30] 吴强. 矿井通风系统优化及应用研究 [D]. 江西理工大学, 2007, 4: 14~15.
[31] 姚尔义. 生产矿井的通风技术改造 [J]. 煤矿安全, 2003, 9, 34 (增刊): 90~93.
[32] 白韬光. 通风系统阻力调节技术 [J]. 机电设备, 2004 (1): 36~38.
[33] Mumma S A, Yupei Ke. Field Testing of Advanced Ventilation Controls for Variable Air Volume Systems. Environment Intenational, 1998.
[34] 王海桥. 矿井通风可靠性分析 [J]. 煤矿安全, 1993 (3): 32~34, 48.
[35] 边子勇. 吕家坨煤矿通风系统优化改造研究 [D]. 辽宁工程技术大学, 2007, 4: 28~32.
[36] 邹多生. 通风系统改造与网络优化研究 [D]. 福州大学, 2004, 12: 5~19.
[37] 张金凯, 王刚. Fluent 技术基础与应用实例 (第二版) [M]. 北京: 清华大学出版社, 2010, 9: 33~36.
[38] 朱红钧, 林元华, 谢龙汉. FLUENT 流体分析及仿真实用教程 [M]. 北京: 人民邮电出版社, 2010, 4: 13~18, 105~111.
[39] 易志根. 矿井通风监控系统设计与开发 [D]. 中南大学, 2010, 5: 9~10.
[40] 杨明球. 矿井角联通风网路总风阻的计算 [J]. 中州煤炭, 2006 (4): 80~89.
[41] 陈梅芳, 等. 基于 MATLAB 的两种通风网络解算方法的编程及实现 [J]. 矿业研究与开发, 2008 (2): 65~67.
[42] 安恒斌, 等. 关于多元非线性方程的 Broyden 方法 [J]. 计算数学, 2004 (4): 38~40.
[43] 王佰顺. 风道断面缩小、变形对矿井风阻的影响 [J]. 煤矿安全, 2001 (1): 37~39.
[44] 于勇. Fluent 入门与进阶教程 [M]. 北京: 北京理工大学出版社, 2008: 236~243.
[45] 王英敏. 矿井通风与除尘 [M]. 北京: 冶金工业出版社, 2007: 127~130.
[46] 王从陆, 李树清, 吴超. 矿井通风系统与耗散结构理论 [J]. 中国安全科学学报, 2004, 14 (6): 11~12.
[47] Prigogine I, Nieolis G. Biological order, structure and instabilities [J]. Quan Rev Biophys, 1971 (4): 107.

[48] Nieholis G, Pfigogi/le I. Self—organization in DOn—equilibrium systems [M]. New York: Wiley, 1977.
[49] 邱玉琚，邹学勇，孙永亮. 荒漠化动力系统熵理论模式探索 [J]. 北京师范大学学报(自然科学版)，2006，42 (3)：320.
[50] 李明好，何建华，严涛. 优化通风系统降低通风电耗 [J]. 矿业安全与环保，2000，27 (4)：10.
[51] 岳超源. 决策理论与方法 [M]. 北京：科学出版社，2003.
[52] Yasuno, Yoshiaki. Wave front – flatness evaluation by wave front – correlation – information – entropy method and its application for adaptive confocal microscope [J]. Optics Communicaf-ions, 2004 (6).
[53] 谭允祯. 矿井通风系统优化 [M]. 北京：煤炭工业出版社，1992.
[54] 赵世军，李勇军. 采面环境质量和作业负荷对作业人员安全与健康影响的研究 [J]. 矿业安全与环保，2003，30 (3)：26~27.
[55] Woodcock G R. Space Station and Platforms [M]. 1986, Orbit Book Company, Malabar Flor-ida, 138.
[56] 滕兆武，等. 车辆制冷与空气调节 [M]. 北京：中国铁道出版社，1981.
[57] 欧阳仲志. 青藏铁路客车增压增氧方案分析 [J]. 铁道车辆，2005，43 (3)：29~30.
[58] 刘刚. 青藏铁路客车空调新风量参数的确定 [J]. 铁道车辆，2003 (12).
[59] 沈维道. 工程热力学 [M]. 北京：高等教育出版社，2001.
[60] 贾振喜. 高原驻训飞行员飞行适应性调查研究 [J]. 高原医学杂志，1997，7 (4)：53~54.
[61] 铁道第一勘察设计院. 青藏线格拉段机车车辆周围环境及相关技术条件 [Z]. 2001.
[62] 赵如进. 空调旅客列车空气净化及增氧问题的探讨 [J]. 铁道运输与经济，2002 (1).
[63] 欧阳仲志，等. 青藏铁路客车供氧方案的探讨 [J]. 铁道车辆，2002 (6).
[64] 刘叶弟，等. 青藏铁路客车空调系统的探讨 [J]. 铁道车辆，2001 (9).
[65] 王如竹，等. 制冷空调新技术进展 [M]. 上海：上海交通大学出版社，2001，7.
[66] 张兴娟，袁修干. 高速列车车厢新型压力控制技术研究 [J]. 北京航空航天大学学报，1997，23 (5).
[67] 张兴娟，袁修干. 高速列车车厢新型压力控制技术的试验分析 [J]. 北京航空航天大学学报，1999，25 (4).
[68] 陶文铨. 数值传热学（第二版）[M]. 西安：西安交通大学出版社，2001.
[69] 吴强，梁栋. CFD 技术在通风工程中的应用 [M]. 徐州：中国矿业大学出版社，2001.
[70] 王福军. 计算流体动力学分析 – CFD 软件原理与应用 [M]. 北京：清华大学出版社，2004.
[71] 温正，石良辰，等. FLUENT 流体计算应用教程 [M]. 北京：清华大学出版社，2009，36~38，439~452.
[72] 卢义玉，王克全. 矿井通风与安全 [M]. 重庆：重庆大学出版社，2006，10，92~93.
[73] Jae – keun Lee etc. An Experimental Study of Electros – tatic Precipitator Plate Rapping and Re – entrainment [R]. Proce – dings of the 7th international Conference on Electrostatic Precipi-

tation, 1998, 9. Korea, 121 ~ 123.

[74] Takuya Yamamoto etc. Studies of Rapping Re – entrainment form Electrostatic precipitators [R]. Proceedings of the 7th inter – national Conference on Electrostatic Precipitator, 1998, 9. Korea, 67 ~ 68.

[75] 杨锡明. 电除尘器振打部位的探讨 [J]. 通风除尘, 1989, No. 2, 23 ~ 24.

[76] K. Darby etc. The Rapping Systems for Cleaning the Discharged Electrodes and Collectors of Electrostatic Precipitators [R]. Proceedings of the 4th International Conference on Electrostatic Precipitation, 1990, 9. China. 181 ~ 182.

[77] S. A. Selt etc. Experimental Study of Collector Plate Rapping and Re – Entrainment in Electrostatic Precipitators [R]. Proceedings of the 4th International Conference on Electrostatic Precipitation, 1990, 9. China. 231 ~ 233.

[78] J. S. Li, etc. Measurement and studies of Acceterations of Collecting Plates of Electrostatic Precipitator [R]. Proceedings of the 4th international Conference on Electrostatic Precipitation. 1990, 9. China. 88 ~ 89.

[79] 张永亮, 唐敏康. 解决静电除尘器粉尘粘结力的新构想 [J]. 金属矿山, 2010, 9: 91 ~ 93.

[80] 张永亮, 蔡嗣经. 一种调节极板和粉尘之间粘结力的涂层材料 [J]. 功能材料, 2010, 41 (11): 1865 ~ 1868.

[81] 唐敏康, 蔡嗣经. 电收尘器中粉尘粒子的电极化研究 [J]. 金属矿山, Vol. 38, No. 9, 2004, 9, 60 ~ 62.

[82] 张泽瑜, 赵钧. 电动力学 [M]. 北京: 清华大学出版社, 1987.

[83] 王希军. 电场极化高 Tg 高分子材料的二阶非线性光学性质及应用基础研究 [D]. 中国科学院长春应用化学研究所, 1997: 15 ~ 16.

[84] 冯慈璋. 极化与磁化 [M]. 北京: 高等教育出版社, 1984.

[85] B. D. Cullity: Introduction to Magnetic Materials, Addison Wesley, 1972.

[86] J. N. Israelachbili. Intermolecular and Surface Forces [M]. Academic Press. London. 1985, 205 ~ 211.

[87] B. M. 亚沃尔斯基, A. A. 杰特拉夫. 物理手册 [M]. 宓鼎墚译. 北京: 科学出版社, 1986.

[88] Yoshihiko Mochizuki, Sado Sakakibara, Hiroshi Asano. Electrical Re – entrainment of Particles Deposited on Collecting Plate in Electrostatic Precipitator [R]. Presented at the 8th International Conference on Electrostatic Precipitation. May. 14 2001. Japan. 293 ~ 298.

[89] 黎在时. 静电除尘 [M]. 北京: 冶金工业出版社, 1998, 12 ~ 115.

[90] 大野长太郎. 除尘、收尘理论与实践 [M]. 单文昌译. 北京: 科学技术文献出版社, 1987, 21 ~ 54.

[91] 嵇敬文. 除尘器 [M]. 北京: 中国建筑工业出版社, 1981, 395 ~ 541.

[92] Masanori Hara. et al. Calculation of Field Strength and Force Acting on Conducting Sphere in Gaps and Its Application for Predication of Gaseous BreakdownVoltage [J]. Journal of the I. E. E. E, Japan 1985, 95 (12): 525 ~ 532.

[93] 唐敏康，电除尘器中粉尘粒子的力学行为分析［J］. 江西有色金属，2003，17（4）：12，42～45.

[94] 赵阳升. 矿山岩石流体力学［M］. 北京：煤炭工业出版社，1994：178～181.

[95] 虎维岳. 矿山水害防止理论与方法［M］. 北京：煤炭工业出版社，2005，6：8～29.

[96] 武汉地质大学，等. 构造地质学［M］. 北京：地质出版社，1979.

[97] 刘向君，罗平亚. 岩石力学与石油工程［M］. 北京：石油工业出版社，2004，10：104～106.

[98] 陈伟，阮怀宁. 随机连续模型分析裂隙岩体耦合行为［J］. 岩土力学，2008，29（10）：2708～2712.

[99] Caja M A，Permanyer A，Marfil R，et al. Fluid flow record from fracture – fill calcite in the Eocene limestones from the South – Pyrenean Basin（NE Spain）and its relationship to oil shows［J］. Journal of Geochemical Exploration，2006，89（13）：27～32.

[100] Chen Wei，Ruan Huaining. Jinping Hydropower Seepage Coupled Analysis of A Stress［J］. Hydropower，2008，34（1）：25～28.

[101] 张金才，张玉卓. 应力对裂隙岩体渗流影响的研究［J］. 岩土工程学报，1998，32（20）：19～22.

[102] 刘向君，罗平亚. 岩石力学与石油工程［M］. 北京：石油工业出版社，2004，10：84～92.

[103] Detournay E，Cheng A H D. Plane strain analysis of a stationary hydraulic fracture in a poroelastic medium. Int. J. Solids Structures. 1991，27（13）：1645～1662.

[104] Zhao Yangsheng. Mine Rock Mechanics. Beijing：Coal Industry Press. 1994：125～155.

[105] King M S，Marsden J R，Dennis J W. Biot dispersion for P – and S – wave velocity in partially and fully saturated sandstone［J］. Geophysical Prospecting，2000，48（6）：1075～1089.

[106] Mavko G，Nolen – Hoeksrma R. Estimating seismic velocity at ultrasonic frequencies in partially saturated rock［J］. Geophysics，1994，59（2）：252～258.

[107] Gassmann F. Elastic waves through a packing of spheres［J］. Geophysics，1951，16（4）：673～685.

[108] Domenico S N. Effect of brine – gas mixture on velocity in an unconsolidated sand reservoir［J］. Geophysics，1976，41（4）：882～894.

[109] Wang Z. Fundamentals of seismic rock physics［J］. Geophysics，2001，66（2）：398～412.

[110] 李生杰. 岩性、孔隙及其流体变化对岩石弹性性质的影响［J］. 石油与天然气地质，2005，26（12）：760～764.

[111] 陈遂斋. 平顶山矿区地下岩温的炮眼测定［J］. 中州煤炭，1993，3：28～30.

[112] 胡桃元. 井下原始岩温的测定方法［J］. 矿业科学技术，1994，1：60～63.

[113] 左金宝，吕品. 高温矿井风温预测模型研究及应用［D］. 安徽理工大学，2009，6：16～30.

[114] 周西华，王继仁，单亚飞，等. 掘进巷道风流温度分布规律的数值模拟［J］. 中国安全科学学报，2002，12（2）：19～23.

[115] Brake D J，Rick. Fan total pressure or fan static pressure：Which is correct when solving ven-

tilation problems [J]. Mine Ventilation Society of South Africa, 2002, 55 (1): 6 ~ 11.

[116] Chow W K. On ventilation design for underground car park [J]. Tunneling and Underground Space Technology, 1995, 10: 225 ~ 245.

[117] Auld G. An estimation of fan performance for leaky ventilation ducts [J]. Tunneling and Underground Space Technology Incorporating Trenchless Technology Research, 2004, 539 ~ 549.

[118] 高建良，张学博. 围岩散热计算及壁面水分蒸发的处理 [J]. 中国安全科学学报，2006，16 (9): 23 ~ 28.

[119] 侯祺棕，沈伯雄. 井巷围岩与风流间热湿交换的温湿预测模型 [J]. 武汉工业大学学报，1997，19 (3): 121 ~ 127.

[120] 毛业斌. 水源热泵及其应用前景 [J]. 机电设备，2005，22 (1): 29 ~ 32.

[121] 路琳. 煤矿安全规程 [M]. 北京：煤炭工业出版社，2010.

[122] 余恒昌. 矿山地热与热害治理 [M]. 北京：煤炭工业出版社，1991: 179 ~ 190.

[123] I. S. Lowndes, Z. Y. Yang, S. Jobling, C. Yates. A parametric analysis of a tunnel climatic prediction and planning model [J]. Tunnelling and Underground Space Technology, 2006, 21: 520 ~ 532.

[124] I. S. Lowndes, et al. The ventilation and climate modeling of rapid development tunnel drivages [J]. Tunnelling and Underground Space Technology, 2004, 19: 139 ~ 150.

[125] 毛业斌. 水源热泵及其应用前景 [J]. 机电设备，2005，22 (1): 29 ~ 32.

[126] 白永辉，刘普峰，张丽. 浅议孔隙型热储的回灌能力 [J]. 地热能，2010，4: 21 ~ 23.

[127] 郭进京，周安朝，赵阳升. 高温岩体地热资源特征与开发问题探讨 [J]. 天津城市建设学院学报，2010，16 (2): 77 ~ 84.

[128] Petros Axaopoulos, Panos Panagakis. Energy and economic analysis of biogas heated livestock buildings [J]. Biomass and Bioenergy, 2003, 24 (3): 239 ~ 248.

[129] Rene Alvarez, Gunnar Lide. The effect of temperature variation on biomethamation at high altitude [J]. Bioresource Technology, 2008, 99: 7278 ~ 7284.

[130] 白莉，石岩，齐子妹. 我国北方农村沼气冬季使用技术研究 [J]. 中国沼气，2008，26 (1): 37 ~ 41.

[131] Alkhamis T M, EI - Khazali R, Kablan M M, et al. Htating of a biogas reactor using a solar energy system with temperature control unit [J]. Solar Energy, 2000, 69 (3): 239 ~ 247.

[132] Yutaka Kitamura, Dan Paquin, Loren Gautz, et al. Arotational hot gas heating systerm for bioreactors [J]. Biosystems Engineering, 2007, 98 (2): 215 ~ 223.

[133] 罗福强，汤东，梁昱. 用发动机余热加热沼液提高产气率研究 [J]. 中国沼气，2005，23 (3): 25 ~ 26.

[134] 石惠娴，王韬，朱洪光. 地源热泵式沼气池加温系统 [J]. 农业工程学报，2010，26 (2): 268 ~ 273.

[135] 陈志光，秦朝葵. 螺旋管加热沼气池的实验研究和 Fluent 模拟 [J]. 中国沼气，2009，27 (3): 36 ~ 39.

[136] 谢列先. 利用太阳能热水器加热沼气池的实验研究 [J]. 广西林业科学，2010，39 (3): 37 ~ 40.

[137] 张学学．热工基础［M］．北京：高等教育出版社，2006：337～340.

[138] 朱聘冠．换热器原理及计算［M］．北京：清华大学出版社，1987.

[139] 翁剑伟．湛江市地下水回灌方案分析［J］．广东水利水电，2010，3：26～30.

[140] 高宗军，郭加朋．东营市城区地热热储人工回灌条件及分区研究［J］．地热能，2010，2：2～8.

[141] 庞忠和．用 CO_2 作为工作流体提高砂岩储层回灌率［C］．亚洲地热研讨会，青岛：2008.

[142] 王紫雯，张世瑕，张继明．矿山井下水生态优化设计方法的研究［J］．节能，2004，3：11～14.

[143] 赵建康，张勇，崔进．压力回灌技术在水源热泵系统中的应用研究［J］．探矿工程，2010，37（3）：55～60.

[144] 房营光，方引晴．城市地下工程安全性问题分析及病害防治方法［J］．广东工业大学学报，2001，18（3）：1～5.

[145] 叶耀东，朱合华，王如路．软土地铁运营隧道病害现状及成因分析［J］．地下空间与工程学报，2007，3（1）：157～166.

[146] 张永亮，蔡嗣经．矿山岩体压裂控制及裂隙渗流与应力关系分析［J］．长江科学院院报，2011，28（1）：28～32.

[147] 李砚阁．地下水库建设研究［M］．北京：中国环境科学出版社，2007.

[148] 武永霞，张楠，陆建生．地下水回灌技术在浅层承压含水层中的实践与探讨［J］．岩土工程技术，2010，24（3）：156～160.

术语索引